U0005024

女孩的性教育指南

The Girls' Guide to Sex Education

Over 100 Honest Answers to Urgent Questions about Puberty, Relationships, and Growing Up

女孩的
性教育指南

關於青春期、人際關係與成長發育
你必須要知道的事

蜜雪兒‧霍普（Michelle Hope）

前言：艾美‧朗（Amy Lang）
插圖：艾莉莎‧岡薩雷斯（Alyssa Gonzalez）
譯者：李姿瑩

晨星出版

目錄

1 認識妳自己 1

2 我的身體到底是怎麼回事 36

3 女孩的私密心事 58

4 健康的人際關係 88

5 我們來談談性 113

前言

我在 11 歲的時候，注意到自己小小的胸部竟然有腫塊！而且兩邊都有！我唯－－次聽到人家談到胸部有腫塊，是某個人正在談乳癌。我嚇壞了，深信自己已經罹患乳癌。

後來，我在 ——咳——「探索」我的陰道時，又發現另一個腫塊！ 我的陰道尾端有一個摸起來很像橡膠鼻子的腫塊。我又嚇壞了，覺得自己跟自己的身體一定出毛病了。

你知道最糟糕的事是什麼嗎？我當時覺得自己沒辦法跟任何人討論這些可能會讓我致命的症狀。我媽媽從來不太跟我們討論性，我又不可能開口問我爸，而另一個我很相信，而且又知識淵博的大人呢？她才剛剛離婚，壓力很大，不但得照顧自己的孩子，還要為自己的生活打拼。

當時是 80 年代，網際網路還沒普及，所以我沒辦法自己上網搜尋這些「症狀」或找答案。因為我很害羞，又覺得很彆扭，根本沒辦法開口問問題，跟旁人談我擔心的問題。

所以，我的胸部跟陰道到底發生什麼事呢？其實是我的乳腺跟其他乳房組織正在發育，所以我才會覺得自己的胸部有腫塊。而我陰道裡面的橡膠鼻子又是什麼呢？我摸到的部位其實是我的子宮頸。

我一直到 18、19 歲，才終於了解我當初發現的這些情況到底是怎麼回事。我的胸部沒有任何古怪之處，我的子宮頸也在正常的位置，我更沒有罹患什麼世界上長最慢的腫瘤。但我卻花了很久很

久的時間，才找到自己需要的答案。

　　如果我有一本像《女孩的性教育指南》的書，我就可以不用那麼擔心自己跟自己的身體。這本書──一本讀起來很輕鬆，又很有幫助的書──會回答很多問題，幫助女孩子了解自己的身體、自己逐漸發育的性（與傾向）、性別認同、約會、性愛與人際關係。

　　如果你身為家長，或你是某位獲得青少年信任又知識淵博的成年人（TKA），而你是為了身邊的某位女孩買下這本珍寶──幹得好！這本書絕對可以幫助你跟這名女孩開始討論性這個主題。事實上，我會建議你買兩本──一本留給自己，一本送給她。

　　你可以記下蜜雪兒在書中寫的話，在跟你身邊的這位年輕女孩討論到書中談到的各種主題時，引用她的話。孩子不會知道其實有人在背後幫你（某些時候幫助還蠻大），還會因為你對性這麼了解，而感到印象深刻。她聽到你說這些話之後，就能了解你很願意，也有能力可以跟她討論性。

　　你願意開口說出這些話，會是跟這個女孩以開放的態度討論性的關鍵。要等孩子自己開口問問題，等於把性教育變成她的責任；你不太可能會沒有先跟孩子討論汽車要怎麼運作，沒討論交通規則，就叫她自學怎麼開車，性教育也是一樣啊！妳自己可能也很清楚，自學的性教育很危險，可能會帶來大災難。

　　如果你希望身邊的這名女孩明白，也了解健康的性應該是什麼樣子，那你就要採取主動，開啟對話。《女孩的性教育指南》裡面提供的資訊會改變你們兩個人對性的觀點。

──艾美‧朗恩，碩士
教養與性教育家，小鳥、蜜蜂與孩子®創辦人

給父母與老師的話

性。光是這個字就會引發我們各種不同的反應，如果你年紀還很小，正在試著要了解性是什麼，你甚至還可能會覺得很困惑。

請花幾分鐘思考一下，性這個東西是以什麼樣的形式第一次出現在你的生活中，而當時又有誰在你身邊幫你了解什麼是性。是有點手足無措的體育老師，用運動譬喻婉轉地嘗試說明何謂性交？又或者，你想到自己當時是在網路上找到情色影片？我們當中有些人很幸運，身邊有個值得信賴的成年人，願意回答問題，跟你討論性、青春期與其他青少年成長過程會碰到的種種難題。但絕大多數的人都必須在黑暗中自己摸索找答案。

我身為一位性教育者，有人力發展碩士學位，也去上了很多跟性教育有關的培訓課程。我花了超過 10 年的時間撰寫跟性有關的文章、演講探討性，並且針對青少年開發有創意的性教育課程。

所以讓我實話實說！我之所以會寫這本書，就是為了我那些有孩子的朋友，因為這些孩子愈來愈大，就快經歷青春期。我的朋友常常會在社群媒體上連繫我，求我給他們一些建議，教他們要怎麼處理家中有青少年時，會碰到的棘手青春期問題。我每次想到這件事都覺得很有趣。不管孩子是男是女，要帶大一名青少年本來就是一項挑戰，但要把女孩子帶大還會有附加的責任。社會壓力與媒體傳遞的訊息都會影響到孩子的理想與價值觀，進而影響孩子的自尊心、怎麼看待自己的身體與自重。身為家長、家人或年輕女孩生命中的重要人士，我們必須要謹記，青春期的發育可能會讓孩子覺得

難以招架，可能會讓孩子充滿疑惑與疑問。

年輕的孩子很難自己主動跟大人開口詢問自己心中的疑問，或開口聊這些主題。而家長、導師、與重要人士也可能會覺得很尷尬，無法自己主動開口談這些主題。這個主題會讓人覺得神經緊張，甚至害怕。我們可能很怕自己無法回答年輕女孩對性這個主題提出來的所有問題。我們可能根本不敢想孩子會這麼快就想從事性行為，光是想到這件事，可能就會讓我們在心情上覺得難以承受。

我的經驗顯示，最好的解決之道是保持開放的態度，不要急著評斷，也要盡量避免直接做出結論。最常見的情況是，年輕人從同儕口中聽說某件事，所以想找相關資訊。你不知道所有的答案也不要緊；實際上，正因為你也不一定知道答案，反而可以利用機會讓你們兩人一起找出答案。

我會建議身為家長或老師的你，盡量閱讀本書的內容，尤其是與性有關的章節，以便跟孩子共同討論在每一章最後面會出現的問題。這些問題的主要用意是讓讀者審慎思考與孩子的健康、人際關係、與價值觀有關的決定。

一個年輕的孩子在發現自己有疑問時，覺得我們是可以提問的對象，就表示孩子信賴我們。我們也有責任要陪伴他們。雖然感覺不太像，但我可以跟你保證，這些年輕人真的想跟你好好談談。最近一份研究 1 顯示，12 歲到 15 歲的孩子當中，有 52% 表示，談到跟性有關的看法，父母親對他們的影響最大，朋友的影響僅佔 17%。很有趣的是，這份研究顯示，對 16 歲到 18 歲的年齡層來說，家長的影響跌到只剩 32%。因此，身為家長與重要人士，我們必須儘早善用我們跟孩子共處的時間，發揮影響力。

讓我說清楚：對你來說，青春期不會是輕鬆愉快的時期，對家裡的孩子來說，這個時期可能更難熬。所以在往下繼續說明之前，我會先提供幾個重要建議，請你謹記在心。

首先，**不要**反應過度。這點可能很難辦到，但請盡可能記住，反應過度只會讓情況惡化。年輕人做蠢事是很正常的（你以前年輕的時候也幹過蠢事！），但他們需要你的支持，尤其是在他們犯錯的時候。在絕大多數的情況下，急著判斷好壞都沒有好處，所以不要急著批評。

聆聽也很重要。我說的是真的用心聆聽，不是只用耳朵聽，要抱著關愛的心情與耐心理性。這樣的聆聽代表你必須先把電話放下，電視關掉，並且把注意力放在這個年輕人身上，要記得他／她很棒，而且正在你眼前轉變成大人。如果你不夠小心，你可能才眨個眼，這個年輕人就已經長大成人，離開家，也脫離你的影響。

我寫這本書的時候，遵循三個基本原則：

1. 性不是髒話。

人之所以為人，就是因為我們有性，而性是會變化的。它很複雜，涉及很多會影響個人發育的因素。我們必須先了解性涉及的不僅是生理層面，也會關乎個人生活中的心理、社會、情感，甚至精神層面的變化。要跟孩子談性其實沒有所謂的「正確時機」，你應該常常跟孩子談這個主題，而且要持續談。從母親的子宮到最後入土為安，性本來就是我們日常生活中的一部分。

2. 國家性教育標準

我在選擇要在這本書中包含哪些特定資訊時，參考了性教育未來組織（Future of Sex Ed.）[2] 編撰的《國家性教育標準》。這個標

準包含了七大重要主題：解剖學與生理學、青春期與青少年發育、自我認同、懷孕與生育、性傳染病與人類免疫缺陷病毒（HIV）、健康的人際關係與個人安全。

3. 生育正義框架 (Reproductive-justice framework)

生育正義，依據《生育正義報告書》[3] 作者的說明，是以保障婦女人權與婦女完整發展為基礎，讓婦女與女童享有完整的生理、心靈、精神、政治、社會與經濟的健全發展。

在讀完以上資訊後，你可能正在想，**我的孩子還太小，談這個主題會不會太早？** 我可以告訴你，在這個時候跟孩子聊我們相信他們的能力，以及我們對人際關係所秉持的價值觀，絕對不會太早。在這個時候提供孩子醫學的正確資訊，幫助孩子了解自己的身體及身心發展，也絕對不會太早。

創造一個安全的空間，讓年輕人可以發問，可以與大人一起探索自己的想法，會讓他們在青少年時期，有更健康的社交與情感發展。這本書提供適時、適齡而且準確的醫學資訊。這本書中列出青少年針對性愛（sex）與性（sexuality）提出的實際問題，有些問題來自我這些年來輔導過的學生，其他問題則是青少年在網路上提出的問題。

要開始這些令人尷尬，有時候還很難處理的對話，並沒有所謂的適當時機，而這本書是很好的資源，可以幫助你減少你跟孩子對話時的不自在感。我們身處的時代，充斥著各種與性愛（sex）與性（sexuality）有關的訊息。在你碰到這類訊息時，把他們當做是機會，讓孩子知道你相信他們的能力，並且提醒他們健康的人際關係應該有什麼樣的樣貌。

導論

就要開始了。青春期開啟了妳接下來的人生旅程。這會很輕鬆自在嗎？通常不會。

　　我完全了解妳接下來要經歷的一切可能會讓你很嘔。要一輩子都維持對自己的正面形象與信念並不容易。

　　話雖如此，我還是想幫忙，讓妳可以過得輕鬆一點。我希望，在妳經歷青春期，成為青少年，進入高中或甚至大學時，妳可以參考這本書。

　　我完全能理解，有的時候，書中討論到的某些主題會讓你覺得很怪、很不舒服、很生氣，或非常沮喪。這很正常。我們會以不加修飾的方式談論這本書中要討論的很多東西，我並不打算要以糖衣包裝來遮掩。

　　我也想要提醒妳，雖然這個過程可能會很難熬或讓妳很不自在，但妳的爸媽或送妳這本書的其他親人很願意，也已經準備好要跟妳談談這些不太好討論的內容。不要害怕跟家人或妳信賴的其他大人談這些主題，因為所有的大人都曾經經歷過妳就要經歷的混亂時期。事實上，我寫這本書的目的就是要讓妳有機會可以跟自己信賴、而且知識淵博的大人（TKA）好好談談。這個人在妳的身邊，是妳覺得值得信賴的人─妳可以仰賴這個人，而且他/她會為妳著想，不讓妳受傷。更重要的是，這位得到妳信賴、而且知識淵博的大人應該要相信妳，也相信妳的能力。

　　我對這本書充滿熱誠，因為我相信這本書是一本很棒的說明

書，可以引導妳走過或許是人一生中最難熬的一段時期。我說的是中學時期以及，老實說，可能還包含高中。這本書應該是有用的資源。不管什麼時候，妳跟妳朋友對性、人際關係或青春期有任何問題，都可以查閱這本書。不管妳有什麼問題，我都已經盡我所能為妳提供非常詳實的答案。如果妳想把這本書從頭讀到尾，當然沒問題。不過我會建議妳先稍微快速翻過，直接跳到妳現在最需要回答的那幾個問題。

我也建議妳寫日誌或寫下妳在讀完這些新資訊後，有什麼感受。寫日誌是很棒的方式，在妳開始經歷青春期時，幫助妳度過某些挑戰。每一章的結尾處都會列出 5 個開放性的問題，讓妳可以好好想想。我會建議妳跟一位 TKA，也就是一個跟妳很親近，獲得妳的信任，而且會為妳著想的人，一起討論這些問題。我希望妳能有信心，覺得自己對性提出的所有問題都已找到正確答案。

我也希望在妳讀這本書的時候，妳會了解妳可以完全按照自己的步調走，妳的人生由妳做主——所以讓我們開始好好過生活！

（註：TKA是Trusted, Knowledgeable Adult (s) 的縮寫）

chapter 1

認識妳自己

我了解妳現在正在經歷的一切。進入青春期曾經是我人生中最難熬的時期。我當時覺得自己彷彿是離水的魚，不斷掙扎，拚命想吸到空氣。這一章的主要用意是要讓妳了解自己是誰，並且擁抱妳的轉變，把這段時期視為生命中自然的一部分。這麼一來，妳就不用跟我過去一樣，拚命掙扎。

我算正常的女孩嗎？

　　所謂正常的定義是「符合社會規範」，說白一點，就是「做很多人都在做的事」。但生活在這個社會中，最酷的其中一件事就是，與眾不同已成為人們對正常的新見解。我們有很多方法可以擁抱讓自己獨一無二、鶴立雞群的特質。我會鼓勵妳，不要想自己是否是個正常人或平凡人，而是要看看自己有多麼出色、與眾不同。當然，妳現在可能會覺得要正常只有一條路可走，就是盡可能表現得跟妳周遭所有的人一樣。但是世界其實很大，妳在原本環境覺得正常的事，換了其他環境，就可能被大家認為是不太正常的事。妳長大以後就會了解，妳，只有妳，可以掌控自己的人生，而且妳也有能力可以決定對妳來說，做什麼才對，什麼才叫「正常」。

我到底何時才能真的有歸屬感？

身為人，我們每個人都希望找到歸屬。這是再自然不過的感覺。隨著妳年齡漸長，妳可能會發現有時候，妳會覺得自己真的屬於某個團體。而或許，隨著時間流逝，妳會逐漸脫離這個團體，找到另一個歸屬的團體。我想，人之所以想要找到歸屬，其實是為了能自在與自己相處，能與自己一直花時間在一起的人相處愉快，並且找到能欣賞自己天賦與才能的團體。這就是找到歸屬的感覺。如果妳還在掙扎，希望能找到歸屬，妳可以到外面走走，參加社團、參與學校的體育活動，或參與社區服務活動，透過這樣的方式找朋友。通常，外頭有很多人，等著像妳一樣獨特的人加入他們的團體。

我夠不夠好？

　　每個人一出生就都「夠好」。如果妳擔心自己不太擅長做某件事，像是踢足球或算幾何，請謹記我們鮮少會第一次嘗試就能把某件事做得很好。但如果妳不放棄，持續練習、不斷嘗試，那妳永遠都夠好。就算妳不太擅長做某件事，妳還是夠好，因為妳選擇不放棄。

我是誰？

　　要了解自己是誰，就像是對人生的形容一樣：「這不是一場比賽，而是一趟旅程。」在旅途中，妳會遭遇起起伏伏、快樂的時光、悲傷的時刻，以及讓妳覺得心情非常糟的時期。但重點是妳如何重新振作，這樣的努力才是決定妳是誰的關鍵。即使身為成年人，我還是每天都會問自己：「我是誰?」想想看，電視媒體不斷告訴我們，我們應該做什麼樣的人，所以我們當然不時會覺得困惑，就連大人也是一樣。要確保自己不會迷失的其中一個辦法是寫日記。找出讓妳覺得快樂，能帶給妳喜悅的事，並且記住：妳不需要今天或明天就知道自己是誰。隨著妳的年齡增長，妳對自己是誰的看法也會逐漸改變，而妳有一輩子的時間慢慢弄清楚。十年後的妳會跟現在的妳不太一樣。本來就會如此。這就是長大美妙的地方。妳永遠都可以重新定義自己。

為什麼我會感覺好像一切都在轉變？

一切確實都在轉變。妳正在經歷要成為成年人前，一段奇妙無比又充滿挑戰的旅程。妳的大腦與身體都在轉變，你現在發育的速度會比妳生命中其他時期都快，大概只比妳還是寶寶的時期慢。妳看這個世界的角度也會改變。是的，很怪。但妳可以透過這古怪的感覺發掘妳現在是誰，以及妳長大以後可能會變成什麼樣的人。當然，這段時期可能會很嚇人。因此妳會需要獲得相關資訊，並且找一位可以跟你好好談的大人或良師。接下來的幾年，妳會感覺自己很像在坐雲霄飛車，不斷上上下下，但一定要抓緊。不要害怕向身旁的人尋求協助，並且嘗試享受伴隨青春期與青少年時期而來的體驗。這些經驗會對妳將來長大成人有很重要的影響。

我為什麼開始不太喜歡
我的兒時好友？

　　隨著年齡增長，我們喜歡什麼跟不喜歡什麼也會跟著改變──本來就該如此！我們接觸愈多新事物，體驗愈豐富，就愈可能會發現自己正在進化、轉變。這代表我們的興趣會變，而有的時候，我們身邊的人要走的方向跟我們可能不太一樣。妳跟自己的朋友逐漸疏遠其實很正常，這就跟妳不會再穿去年的毛衣一樣。但這不代表妳不再喜歡他們。這只是表示，妳喜歡做的事跟他們不太一樣，也因此可能會改變妳跟他們一起出去玩的機率。如果妳的朋友不支持妳追求的目標，如果他們對妳不好，或是在背後說妳閒話，那他們就不是妳真正的朋友。

　　但一段友誼的結束不必然一定要很戲劇化。有的時候，友誼會結束只是因為妳的成長讓妳朝這邊走，而你的朋友則往另一邊走。

如果大家都在說我的閒話，
我該怎麼辦才好？

　　這是個連大人有時候都不知道該怎麼辦的問題。有人在背後說妳的閒話，總是會讓人覺得心情很糟，尤其是如果他們是故意捏造不實的謠言。說實在的，如果有人在背後說妳的閒話，就表示這些人不算妳的朋友。

　　隨著我們慢慢長大，周遭總會有人以不同的形式議論我們，而我們會慢慢了解，很多時候，只要我們冷淡以待，周遭的閒話慢慢就會消失。要記住，妳沒辦法管其他人做什麼。但妳可以控制自己回應的方式——同時也要確保自己不要在別人的背後說別人的閒話。

　　但是，如果妳覺得這些人的閒話讓妳感到備受威脅，又或者這些謠言已經愈來愈失控，那妳可能已經遭受霸凌。不管是發生在學校、網路上還是工作場合都一樣。霸凌是一種騷擾，妳應該要跟妳信賴而且知識淵博的成年人（TKA）說這件事。沒有人應該遭受霸凌或騷擾，而且有相關法律保護妳的權益。

女生有哪些特質？

　　通常。一個人如果出生時有陰道、子宮，以及這本書之後會談到的很多器官，這樣的人通常會被認定為女生。而一個人出生時若有陰莖以及其他男性生殖器官，這樣的人通常會被認定為男生。如果妳也有這些器官，那妳就屬於順性別者（cisgender），簡稱cis。但有時候，有些人出生時有陰道，但卻覺得自己實際上是男生；或出生時有陰莖，但感覺自己實際上是女生。如果妳也是這樣，那妳就是跨性別者（transgender），簡稱trans。在這本書中，我們會討論女生長大的過程中，身體會發生什麼變化。對跨性別的女生來說，這些變化可能不適用，不過很多跨性別女孩與婦女都會服用雌激素與黃體酮，所以他們也可能會經歷跟順性別者在青春期相同的變化，像是胸部變大。不管妳是順性別者還是跨性別者，妳的樣子都很棒。

我不喜歡女孩子氣的東西，
有沒有關係？

妳之所以為妳，就是因為妳喜歡自己喜歡的東西。不要因為自己是女生就覺得自己一定要喜歡女生的東西，或自己不能喜歡體育運動或自己一定要喜歡流行時尚。有些人喜歡足球跟越野自行車；有些人喜歡化妝，玩扮裝遊戲；還有很多人全部都很喜歡。這些不是專屬「男生」或「女生」的事物，是身為人都可能會喜歡的事物。

記住，不要相信社會與大眾媒體的大放厥詞，不要管他們說妳應該要喜歡什麼。不管什麼性別的人，都可以喜歡自己喜歡的東西。

我漂亮嗎？

　　妳是這個世界上最美麗的妳。不要相信其他人怎麼說。雜誌、電視與社群媒體都試圖告訴我們美麗應該是什麼樣子，我們又該如何辨識何謂美麗，但其實，美麗根本應該由妳定義。重要的是找出妳喜歡自己哪些地方，從自己的內在開始，包括妳的個性、妳對人的仁善與妳的聰慧。

　　找出妳覺得自己的身體哪些地方很美。每個人的身體都不同，而妳應該要愛自己身體的每個部位。生長紋、大胸部、小胸部 —— 全部都很美，因為都是屬於妳身體的一部分。而且妳不會永遠都維持相同的樣貌。如果妳還在努力接受自己的身體 —— 像我就不太喜歡自己的頭髮 —— 有一天妳終會了解，會沒事的。不管怎麼說，人的外表會消逝。真正重要的是人的內在。妳之所以美麗是因為妳的正直、妳的誠實、妳的慷慨大方與妳的仁慈。這些美麗的特質沒有人可以奪走，也永遠不會褪流行。

我為什麼老是覺得自己看起來很胖？

　　我們的社會對於人的身體應該要有什麼樣子，提供了我們很多非常不健康的看法，但妳不能總是把自己跟電視、電影、廣告或其他媒體上看到的形象比較。因為基因組成（也就是我們從父母身上繼承的特定特質），我們每一個人出生時都會有與他人不同的獨特體型，而且我們通常無法改變這一點。在妳的青春期快要開始的時候，妳應該要知道，女性的身體通常會比男性的身體有更多脂肪，特別是在臀部、腰部、屁股與乳房。這是因為有一天，我們若要生孩子，就會需要這些脂肪。妳可能已經注意到妳在這些部位已經開始有一點點橘皮組織。這也很正常 —— 事實上，橘皮組織是基因遺傳的結果，身材纖細的人也可能會有。在妳生理期開始的時候，一個月當中可能會有幾天，妳會覺得自己腫腫的，而且很不舒服。這也很正常。至於體重，要記住最重要的是維持健康跟愛自己，而不是妳是否認為自己看起來很胖。

我如果不喜歡自己的身體或我現在的感覺，該怎麼辦？

　　在青春期期間不喜歡自己的身體就像是不太想去看牙醫一樣——我們在一生中偶爾都會有這樣的感覺。在妳青春期開始後，有的時候，妳會覺得自己身體腫脹脹、會痛痛的，或很不舒服。新的荷爾蒙可能會讓妳有很奇怪的新感受，是過去從來沒有過的感覺。妳可能會覺得自己不認得自己身體的某些部位，或妳的身體完全不聽使喚。這正是成為女人最棒、最神奇的一件事。但同時也會很難受。睡眠充足、多運動，飲食均衡可以改善妳的情緒。至於妳的荷爾蒙，隨著妳的生理期逐漸變得規律，妳的荷爾蒙也會變得規律，而妳也會逐漸熟悉這些感覺。

我為什麼覺得傷心／生氣？

　　現在妳的身體、大腦與情緒基本上都像正在經歷大混戰一樣，而且在青春期，這樣的大混戰會一直持續，甚至持續到高中。妳有時候會覺得很生氣或情緒低落，這很正常，重點是妳如何跟其他人表達妳的這些情緒。妳現在經歷的人生階段會讓妳開始愈來愈有自己的想法與主見。這些想法與見解會跟爸媽及其他關心妳的大人不同。當妳覺得這些大人都不能理解妳的想法，要先檢查一下，看看妳自己是用什麼樣的方式嘗試表達妳的意見，以及妳在表達這些看法時是否比較情緒化。生氣跟悲傷的情緒可能會讓我們無法向周圍的親友清楚表明自己的需求與需要，所以我們要特別留意自己是如何表達這些情緒。

我為什麼覺得好像沒辦法控制自己的情緒？

　　妳覺得自己無法掌控自己的情緒，可能是因為隨著妳長大成人，進入中學，再進入高中，妳確實沒辦法掌控自己的情緒！妳的身體、大腦與荷爾蒙正在經歷巨大轉變，因為他們正在努力合作讓妳能為未來的日子做好萬全準備。這有點像戴著眼罩開車──妳真的不知道自己會往哪裡去，或者妳可能會撞到路障，而讓妳有很激烈的情緒反應。對妳來說，最好的處理方式是在自己情緒失控的時候認知這一點，或許還可以用札記寫下來。如果妳能找出哪些因素會讓妳容易情緒激動，妳就比較能規劃要怎麼因應，這樣一來，妳的情緒就不會霸佔一切，讓妳失去判斷力或決策能力。

　　妳也可以練習冥想，就是讓自己停下來，花一點時間放空思緒。休息一下，或離開現場整理一下自己的思緒，可以讓妳避免情緒潰堤。要精通這個技巧，妳必須要時常練習，就像在練體育活動或任何其他一項技能一樣。在睡前，把手機關掉，播放放鬆身心的音樂（最好是沒有歌詞的曲子），放空自己的思緒。一開始不太容易，但會非常值得。每個人，包括大人，都需要花很長的時間才能掌控自己的情緒，但一旦學會，這個技能會對妳終身有益。

我要怎麼做，才能讓自己感覺好一點？

　　要讓妳自己感覺更好，並沒有任何捷徑。事實上，這是妳在中學、高中，甚至長大成人之後，都要持續不斷努力的功課。不過，確實有些方法可以幫助妳改善情緒。首先，妳的大腦跟身體正在經歷很多變化，所以妳需要確保自己睡飽，飲食均衡——對，這代表妳要吃水果跟蔬菜——並且喝很多水。運動也可以讓妳的大腦分泌腦內啡，讓妳覺得比較開心。我情緒低落或難過的時候，喜歡去騎單車或跟朋友出去玩。確保妳的身邊有愛妳、關心妳的人，這些人可以看到妳很棒的地方，也可以時常提醒妳生命有多麼美好。覺得自己很糟是很常見的經驗。妳只是必須要謹記，情緒低落是一種情緒，就像其他的情緒一樣，都是暫時的，不是永遠都不會變。

我要怎麼知道自己是不是有
心理疾病？

　　心理健康的問題有點複雜，所以有人為了成為心理疾病的專家必須到學校讀很多年的書。要辨識心理疾病，第一步是先意識到情況感覺有點不太對。或許是妳比平常更頻繁地覺得悲傷，又或者妳可能覺得自己大概永遠都開心不起來。第二步是找個人談談——找妳的爸媽、老師、輔導老師，或一個妳信賴且知識淵博的成年人（TKA）。妳身邊的大人會幫助妳獲得妳需要的資源，讓妳成為更好的自己。碰到這樣的問題，不要害怕找人幫忙。照顧好自己的心理健康很重要，這樣你未來才可以過快樂、健康的生活。向專業人士尋求協助不代表妳「瘋了」。最愚昧的事反而是明知有問題，卻不尋求協助。任何人在經歷青春期、中學與高中時，都可能會覺得很困惑——在這個階段覺得很不對勁是很正常的事。妳一定要有個妳可以談心的人，讓他們幫助妳決定是否需要尋求專業人士的協助。

為什麼我有時候會覺得很想死？

　　沒有任何事情會糟到讓妳必須決定放棄自己的性命。沒錯，每個人都曾經歷很難堪的時刻，希望自己可以消失。或者，有時候會覺得心情真的非常非常低落，而這都很正常。但是覺得很想死絕對不是我認為正常的情緒，尤其是如果這樣的情緒持續了一段時間。如果妳有這樣的感覺，請一定要找個人談談，而且我說的這個人不是指妳的朋友，而是指妳的家長、老師、輔導員或心理健康專業人士。中學及高中時期有時會讓妳覺得很難熬。妳有時候可能會有好幾天都情緒不佳。事實上，在妳接下來的一生中，偶爾都會有連續幾天情緒不佳的情況。但是妳不會想要一直情緒低落，所以如果妳心情糟到很想死，一定要找個人談談。

　　如果妳身邊沒人可找，而妳又需要立刻找個人談談，可以撥打24小時全年無休的免付費自殺防治專線，會有受過訓練的專業人士給妳完全保密的支援。電話是：1-800-273-8255（台灣是+886 0800-788-995）。

我在社群媒體上的按讚數跟追蹤者人數真的很重要嗎？

社群媒體上的追蹤者跟按讚數可能很好玩，但他們完全比不上幾件最重要的事，像是愛自己，以及了解自己有愛你的親朋好友。真實人生中——其實網路生活也一樣——最重要不是有多少追蹤者或有多少人按讚，而是讓自己的周遭充滿相信妳、支持妳的人，而且當這些人跟妳在一起，妳會覺得感覺很好。

我是不是一定要上網貼文才算酷？

　　在網路上貼文分享自己的人生並不會讓妳變酷。事實上，一直試圖在妳生活中的美妙時刻貼文可能會讓妳分心，無法真正好好享受這些美妙時刻。我曾經有機會跟我國總統會面，但我卻差點錯失這重要時刻，因為我只顧著要確保自己可以用手機記錄我跟總統握手的那一刻。我們過日子不是為了要在網上貼文──我們過日子，是為了好好體驗人生。當然，如果能為這些美好時刻留下照片，當然很好，但更重要的是好好享受這些時刻，而不是一直擔心自己要貼什麼文。

拿自己跟別人比較不對嗎？

　　我知道有的時候，當妳在看IG或其他社群媒體app的時候，妳很難不拿自己跟別人比較。在野蠻的網路世界中，人們常常會貼文分享自己生活中的精采時刻。他們不會讓妳看到，在這些美好時刻之前，實際發生了哪些事、犯了哪些錯或遭遇多少挫折。而且在電視、照片以及社群媒體上，有蠻多可以操弄現實的方式，所以在妳根本不確定這些人的真實人生是什麼樣貌的情況下，把妳自己的生活拿來跟他們比較一點意義都沒有。最終，拿妳自己跟別人比較只會讓妳分心，忘記要追求自己的夢想跟目標。妳要記住，只要妳全心全意，下定決心，妳就可以達成妳的目標。這是辦得到的——但過程不會看起來很光鮮亮麗。當妳發現自己正在與他人比較，我要妳仔細想想，妳有哪些獨一無二的特質。把妳的注意力放在這些特質上，記住這些是妳獨一無二的特質。

我要怎麼知道自己是不是同性戀？

　　如果妳發現自己想要跟女生約會、親吻女生，而且某一天可能想跟女生結婚，那麼恭喜妳，妳有可能是同性戀！妳也有可能是雙性戀，也就是說妳對男生跟女生都感興趣。不管妳是異性戀者、同性戀者，或介於二者之間，妳都很完美。

　　妳可能要花好幾年的時間才能了解自己的性傾向與對愛的感覺。如果妳發現自己受同性吸引，這很正常，而且沒有什麼問題。妳現在正在經歷人生的探索階段，不需要今天或明天就決定妳想跟誰約會。就算妳一輩子都不想決定也沒什麼關係。妳唯一要謹記的一件事要愛自己，花時間跟愛妳而且尊重妳個人特質的人在一起，不管妳愛誰。

我要怎麼告訴爸媽我是同性戀？

　　要公開表明自己是同性戀可能會很難，不管妳幾歲都一樣。事實上，我有些成年人朋友到今天仍然沒有跟他們的父母說自己是同性戀。所以如果妳已經準備好要跟父母表明自己是同性戀，我很想為妳的勇敢，以及能夠認清自己的這件事情鼓掌。如果妳認為爸媽可能會有負面的反應，我會建議妳先找一個值得信賴的大人當妳的盟友，幫助妳先談談自己的感受，練習要怎麼跟爸媽說。我希望妳的爸媽會了解，不管妳愛誰，妳都是完美的孩子。但很殘酷的事實是，有的時候爸媽很難接受自己孩子的性傾向。如果妳覺得跟爸媽說這件事不太妥當，我會希望妳找生活中一個值得信賴且知識淵博的成年人（TKA），讓他／她當妳的盟友與支援，支持妳的性傾向，以及妳其他的決定。

暗戀自己的教練或老師
有沒有關係？

　　喜歡自己的教練、老師或其他在妳身邊跟妳一起共事合作的成年人很正常。妳可能會對這些人有這樣的感覺，因為他們在乎妳、尊重妳，而且相信妳——但是這並不代表他們跟妳之間有愛情或有性的吸引力。事實上，如果有老師或教練跟妳表示他／她對妳有性的慾望，那這個人就不是妳能信賴的人，也不是妳應該花時間跟他／她相處的人。立刻找一個妳信任又知識淵博的成年人（TKA），跟他／她說這件事。

我如果已經有過性經驗或有其他性行為，就算是「蕩婦」嗎？

　　首先，任何一個成年人跟青少年之間有任何性的舉動都是絕對不可以的。如果有個大人跟妳說話或碰妳的方式帶有性的意圖，一定要跟妳信任又知識淵博的成年人（TKA）說這件事。像這樣的情況絕對不是妳的錯，也不代表妳有任何不好或很髒，絕對不是。隨著青少年逐漸長大，想開始嘗試一些性的舉動本來就很正常。不管妳是在任何情況下，已經有性經驗或做過其他的事，妳都絕對不該覺得自己是「蕩婦」。或許妳只是一下子因為感官刺激而沖昏頭。不要擔心，大家都會有這樣的情況——就連大人也一樣。我們有的時候也會因為氣氛太好而昏了頭。這絕對不代表妳很壞或很髒。

　　但是，絕對不要做自己不想做的事。妳永遠都有說不的權利。不管妳是否已經曾跟某人有過性交的經驗，妳都還是有說不的權利。如果妳覺得情況讓妳不舒服，妳永遠都可以決定暫停、退出，或選擇暫時禁慾。如果妳周圍的人說的話或做的事讓妳覺得自己沒辦法說不，那妳應該要避開這些人，叫他們停止，而且不要猶豫找一個TKA談談。

我有問題的時候應該相信誰？

　　妳正要經歷一段不可思議的旅程，名為青春期，而這個時間正好適合讓妳開始辨認妳的生活中有哪些人是妳的盟友。首先，妳必須要記住，在妳遭遇問題的時候，永遠都可以找自己的爸媽談。當然，在妳跟他們說明妳的問題時，爸媽可能不會很開心，但他們會永遠愛你，而且支持妳。如果妳覺得沒辦法去找爸媽談，那我會建議妳找另一位妳信賴而且知識淵博的成年人（TKA）談談——這個人可能是家人、老師、輔導員、教練或其他相信妳而且也會為妳著想的成年人。TKA絕對不會要求妳做出會讓妳惹怒爸媽、害妳違法或做出會讓學校會處罰妳的事。他們也絕對不會要妳做任何會讓妳感到很不舒服而且有性意圖的舉動，或是其他讓妳不舒服的肢體碰觸。妳認定為 TKA 的這些人是會主動幫助妳達成目標，相信妳，而且會為妳著想的人。

我真的可以跟我爸媽談性嗎？

　　當然，妳可以跟爸媽談性。事實上，妳應該要跟爸媽談性。這可能不會是很輕鬆的對話，而且絕對會讓你們都覺得超不自在，但妳的爸媽本來就應該幫助妳取得妳需要的資源。但是，我會建議妳先做好功課。妳可以先把妳想問的問題都寫下來，並且練習要怎麼跟爸媽開口。

　　如果妳願意，也可以用這本書來幫助妳解釋妳的問題。有的時候，在開始對話前讓爸媽先做好心理準備會是很好的作法。妳可以先傳訊息給他們，上面附上連結，連到妳在網路上找到的文章，並且跟他們說：「我對這個有些疑問，我們可以聊聊嗎？」如果妳覺得讓爸媽知道是妳自己想問這些跟性有關的問題會很怪，那另一個開啟對話的方式可以是：「我在學校的朋友跟我說……」再把妳想問的問題放進去。這樣的方式也會讓妳跟爸媽都可以用比較自在的方式直接討論性這個難搞的主題。

我要怎麼做才能讓我爸媽不再把我當小孩子對待？

在妳生命中的這段時期，妳的身體、心理與情緒都會經歷很多變化。當然妳可能會嚇壞。但讓我先告訴妳一件事：妳爸媽也嚇壞了啊！他們一下子還沒辦法接受妳已經不是過去那個可愛的小女孩。他們會說：「我幫她換尿布彷彿是昨天的事啊！」在爸媽幫助妳度過這個階段的同時，妳也可以幫助他們。要讓爸媽不再把妳當小孩子看待的最好方式，就是盡可能以最成熟的方式來溝通。以尊重的態度聽爸媽說話，跟爸媽談話等等都可以顯示妳已經可以控制自己的情緒。多做一些家事，並且及時把工作完成，可以向爸媽證明妳已經夠成熟，可以承擔更多責任，外出時也應該享有更多自由。

高中是什麼樣子？

有些人會覺得高中是他們人生的最高潮。其他人，像我，則會覺得高中不怎麼有趣。有的時候甚至可以說很可怕。我在求學期間是個有點怪的孩子，跟其他人有點格格不入。但是我還是參加了很多課外活動、社團與體育活動，主要是要讓我不要老是想著自己有多討厭高中生活。或許，妳也跟我一樣，多參加一些活動就可以讓高中生活更有趣。又或許妳想專心課業或放學後的打工。不管妳決定怎麼做，我自己在高中學到很多，而且也撐過高中，今天才能跟妳分享經驗，而某一天妳也可以。

這一切真的會愈來愈輕鬆嗎？

人生永遠都有起起伏伏，就像海洋潮汐會有漲退一樣。有些日子可能感覺比較輕鬆自在，有些日子則會比較難過，但只要妳記住自己是誰，並且為妳自己建立一個堅固的支援體系，妳就能夠度過難熬的日子。不要害怕向妳信賴而且知識淵博的成年人（TKA）或其他人尋求協助。

我未來是不是一定要跟某個人結婚才行？

　　妳有很多時間可以決定未來妳想不想結婚，以及妳可能想跟誰結婚。要記住，結婚是有法律約束力的合約，附帶很多成年人的責任，不光是情感上的牽絆，還有生理、心理以及財務上的責任。婚姻比妳想像的還不容易。很多結婚的人都會碰到問題，也會很掙扎，但因為他們結婚了，所以這也代表他們承諾要很努力維繫婚姻關係。

　　在妳一頭栽進任何一段關係之前，要先記住愛自己。跟某個人戀愛不代表妳就會忽然間覺得自己很棒。同樣的道理，保持單身也不代表妳就不完整。如果妳不想結婚，妳就不用結婚。

我要怎麼做才能實現夢想？

　　實現夢想並不像妳想像的那麼容易。電視、IG、臉書可能會讓我們輕易相信我們仰慕的所有名人跟知名人士都在一夜之間就成功了。但真實的情況是：他們並沒有一夕成功。很多時候，一般民眾都不會注意到我們非常尊敬的這些名人過去曾經經歷多少試煉與失敗，因為沒人想談他們付出多少努力才能達到目標。夢想其實只是沒有規劃的目標。所以要達到妳的目標，第一步就是先制定計劃。先看看妳想要做什麼事，在那個領域有哪些成功人士，並且研究這些人的職涯發展。如果妳願意花時間，並且在必要時做出犧牲，那什麼事都有可能辦得到。

找妳信賴而且知識淵博的成年人問問

♥ 你在我這個年紀的時候，是不是也曾經覺得周遭沒有人聽到你的心聲或了解你？

♥ 你覺得我最獨特的地方是什麼？

♥ 我要怎麼做才能建立你對我的信任？

chapter 2

我的身體
到底是怎麼回事？

在青春期這個人生階段，妳的身體會經歷一些很劇烈的
變化，因為妳的大腦、身體跟情緒都逐漸愈來愈成熟。
讓我先在這裡提出警告：有時候妳可能會非常難受——
真的很難受！但是如果妳能撐住，未來會有好多值得期
待的事——像是妳成年以後的人生！在這一章中，我們
會說明在妳人生的這個階段，身體會經歷哪些變化。

青春期是什麼？

　　人們在青春期這個階段會逐漸性成熟，也就是說他們的身體會做好準備，讓他們未來可以生寶寶。這個過程可能要花好幾年的時間，而青春期通常發生在10歲到14歲之間。我們會經歷生理、心理與情緒上的巨大轉變。對女孩來說，這些轉變包括乳房變大，以及生理期開始。

青春期什麼時候會開始？

　　每一個人青春期開始的時間都不太一樣。平均來說，女孩子青春期開始的時間大概都介於10歲到14歲之間，但是就算妳的青春期開始的時間不在這個範圍內也不用擔心。青春期開始的時候，每個女孩會經歷的狀況也都會不太一樣，沒有人會完全一模一樣。妳可能會開始注意到自己的胸部變大，腋下或陰部開始長毛，而且體味比之前較明顯。如果妳的生理期還沒開始，也可能很快就會開始。生理期開始後，每個月會有幾天，妳的陰道會流血。

我的身體為什麼會開始轉變？

　　妳的身體開始變化，因為妳已經開始逐漸轉變成為成人女性。年輕女孩進入青春期後，妳的身體——更明確地說，妳的卵巢（也就是妳的身體負責產卵的部位，而這些卵未來可能會變成寶寶）——會開始分泌更多名為雌激素與黃體酮的荷爾蒙。荷爾蒙是身體分泌的一種特殊化學物質，對妳的生殖系統至關重要。雌激素與黃體酮則是女孩變成女人的重要基礎，讓女性日後若想生孩子，便有能力可以懷孕生子。

我為什麼總是很想睡覺？

　　在青春期期間，妳會需要大量睡眠，因為妳的身體正在快速變化跟發育。青春期會讓妳的生理韻律或生理時鐘大亂。生理時鐘是妳身體的一套系統，告訴大腦妳什麼時候該睡覺，什麼時候該起床。雖然現在對妳來說，早上要起床愈來愈難，還是有一些方法可以讓妳晚上能好好睡。螢幕的白光會讓妳的生理時鐘以為現在是白天，讓妳失去睡意，所以睡前不要再使用平板電腦、電腦或手機。睡前把手機關掉也是很好的辦法。這樣妳就不會想著要傳訊息，或滑一下IG，而能夠專心讓身體獲得需要的休息。讀書也會有點幫助，不過要記得要看紙本書，不是用平板或手機讀書。

我為什麼一直長高
（或一直長不高）？

　　通常在青春期，妳的身高會逐漸長到成年的高度。但每個人成長的速度都不太相同。妳可能會一年內忽然抽長，也有可能每年長高一點點。妳的身高大半是由遺傳決定，也就是說其實妳沒辦法讓自己變高或變矮。不過，記住，每個人的身體都不同，不管妳長多高或多矮，妳的身體都很棒。

為什麼我的生長紋會癢？

　　哦，生長紋啊！我們每個人都有，而且這真的很正常。我們會有這種皮紋可能是因為體重快速增加或減少，或者青少年經歷青春期的時候，也會因為忽然長大而出現皮紋。妳會癢多半是因為皮膚乾燥。要避免皮紋發癢，在洗完澡後，把皮膚上多餘的水分拍乾，再擦一點保濕乳霜。確保皮膚不要流失水分，就可以減輕皮紋發癢的情況，也可以讓皮紋不會那麼明顯。

我應該從什麼時候開始剃毛？

剃毛其實沒有什麼「正確」時機──說真的，妳如果不想剃毛，也可以完全不管它。不過在青春期期間，妳會注意到在妳的腿、腋下、私處以及其他部位，像是上唇的位置，毛髮都愈來愈多。很多女性會選擇剃毛或用熱蠟把一些或全部的毛髮除掉，但也有一些女性不會這麼做。

我要怎麼剃毛？

　　我要先清楚說明體毛這件事。要不要剃毛或除毛真的要看個人的喜好。全身都有體毛並沒有什麼關係，我不希望妳是因為外來的壓力而想剃毛。我有時候會想剃毛，有時候不想剃毛，但剃不剃毛並不會影響我對自己身體的觀點。但是既然很多成年男性與女性都會剃毛，我們就來談談剃毛這件事。不管妳是要剃自己腋下的毛、腿毛，或其他部分的體毛，妳可能都會不小心割傷自己，也就是說妳可能會不小心被剃刀割到。這些割傷可能會流血，但不用擔心，通常都不太嚴重。我會建議妳先用電動刮鬍刀，等妳學會怎麼用剃刀，再改用剃刀。電話刮鬍刀的除毛效果沒那麼好，但比較安全。

　　至於私處的恥毛，有些女性會刮掉私處所有的恥毛，有些則是只會刮掉穿泳裝可能會不小心露出來的恥毛，有些則是完全不剃。位於私處的恥毛有生理的目的——這些恥毛可以保護陰道不受細菌侵襲——但如果妳想把這些恥毛剃掉，那妳也可以這麼做。恥毛通常會比妳的頭髮更粗更捲，所以在剃毛的時候，可能會使恥毛倒生，會讓妳剃毛後出現皮膚刺痛或紅癢的現象，而這些症狀真的很不舒服。妳還有其他除毛的選擇，像是用軟蠟及除毛霜。針對剃毛的問題，妳應該要跟妳信賴而且知識淵博的成年人（TKA）談一下，問問他們推薦哪些方式。

為什麼我的腋下跟大腿間會開始長毛？這正常嗎？

　　體毛是人體本來就會有的東西。事實上，妳知道嗎？當寶寶還待在媽媽的子宮裡面，寶寶全身都有胎毛，是出生後才會被剃掉。我們長大以後，身體不同部位都會長出不同的體毛，像是頭髮、眉毛，還是全身到處都有細細短短的汗毛。到了青春期，妳的陰道周圍也會開始長出毛髮，稱為「恥毛」。妳的腋下也會長出毛髮，很多人稱之為「腋毛」。有些女孩會剃除自己的腿毛跟腋毛——有些則不會這麼做。在妳發現這些身體的新現象時，可能會覺得很驚訝，但不管妳的恥毛或腋毛是多是少，都很正常。

我要怎麼做才能擺脫粉刺？

　　粉刺或青春痘有很多不同的成因。有可能是妳的荷爾蒙在青春期變化太快，所以妳的皮膚分泌太多皮脂。也可能是因為皮膚死皮細胞阻塞了妳的毛孔。或可能是因為另一個完全不同的原因。要維持健康的皮膚，關鍵就是要維持健康的身體，而這必須由體內做起。補充大量水分，飲食均衡，並且每天洗兩次臉可以有一定幫助。如果妳的青春痘還是很嚴重，不要猶豫，找醫師幫忙。不過很多人在青少年時期不管怎麼做都會有一些青春痘，不過長大成人後通常青春痘就會消失。

運動有用嗎？

運動對很多事都很有幫助！在運動的時候，妳的大腦會分泌大量不同的化學物質，幫助妳抗壓、精力更充沛，也能改善情緒。因此我們通常在運動完之後都會覺得很開心、很放鬆，而且思緒清楚。雖然青春期會帶給妳很多壓力，荷爾蒙的變化會讓妳情緒上下起伏不定，但運動可以幫妳減壓、調整情緒，所以記得一定要動一動。妳可以參加學校的運動社團、報名參加舞蹈班，或跟好友或家人一起散散步。如果妳不喜歡團體活動，我會建議妳每天上學前做一些伸展操，上床前再做一次。我個人很喜歡播放自己最愛的音樂，在房間裡跳舞，彷彿沒人會看到──嗯，本來就沒人看啦！不過我沒什麼節奏感，所以幸好沒人會看到。不過等我跳出一身汗，通常我的心情就會比較好。

我應該要用大家一直叫我要用的產品嗎？

不用！選擇對妳有用的產品。要選擇用什麼產品，是一種反覆嘗試再調整的過程，不過不要害怕請教妳信賴而且知識淵博的成年人（TKA），請他們幫忙。如果妳很幸運，妳的TKA是女性，那她可能也是自己嘗試過很多不同的女性產品。從洗髮精到衛生棉條，還有其他產品，都是這樣的學習過程。妳要記住的一件事是很多公司跟廣告都會試圖告訴妳，妳不夠好，所以要買他們家的產品，妳才能變得更好，但他們根本大錯特錯。記住，妳的身體是妳的，而且是很棒的身體。妳不需要特定品牌的洗髮精或睫毛膏讓妳變美。

為什麼我的胸部會變大？

　　到了青春期，妳的身體會因為雌激素跟黃體酮等荷爾蒙的關係開始變化。包括妳的乳房。記住，在青春期這個階段，妳的身體要為了未來懷孕生子做好準備，而乳房也是其中一環。（有乳房才能有母乳餵飽小寶寶。）有時候，因為妳的乳房還在發育，有時候則是在生理期前後，妳會覺得胸部不太舒服，有點重重的或會痛。不要擔心，這很正常。

為什麼我朋友的胸部都變大了，
但我的胸部卻沒有變化？

　　乳房會在不同時期以不同速率發育——即便是同一副身軀也是如此！在妳經歷青春期的時候，不要因為妳有一邊的乳房比另一邊大就驚慌失措。妳的兩個乳房短時間內會有不同的成長速率，這很正常。乳房會有不同的形狀、尺寸與密度，而不管哪一種都很好。我希望妳會愛自己的胸部，不管是大是小。

妳要怎麼知道自己的初經快來了？

　　妳的生理期指的是每個月會有幾天的時間，妳的陰道會流血。不要擔心，我們在下一章會有更詳細的說明。生理期麻煩的地方就是妳大概永遠都沒辦法預期初經到底什麼時候會來，不過當妳開始胸部變大，長出恥毛，初經大概就快來了。女生的初經平均年齡大概是12歲，但這只是平均值。有些女孩8歲或6歲的時候就出現初經，有些女孩則是到16歲生理期才開始。我們沒有魔術數字，也沒有魔法可以預測妳的初經到底什麼時候會開始，讓妳正式邁出成為成年女性的第一步。我會建議妳問媽媽或另一位自己信賴而且知識淵博的大人（TKA），他們幾歲開始出現生理期，我很確定他們會回答，某一天莫名其妙就忽然來了。

男生也會跟我一樣有生理期嗎？

　　不會，男生不會有生理期。妳會有生理期是因為子宮要排出子宮內膜，而男生沒有子宮。我們在第三章會有更詳細的說明。

男生青春期會有什麼變化？

妳會對男生青春期的變化感到好奇是很正常的事。讓我先幫妳消除疑慮，男生在青春期期間也跟妳一樣，要經歷像雲霄飛車一般的變化。不過，男生的青春期會比女生慢一點點。很顯然地，因為女孩跟男孩有不同的器官，所以也會有不同的生理變化。但也會有些相同的變化。

跟女生一樣，在青春期開始的時候，男生的身高體重也會開始有劇烈的變化，而且男生女生在腋下跟私處都會開始長出毛髮。

男生的大腦也會有變化，同時也會分泌荷爾蒙，不過男生分泌的荷爾蒙是睪固酮，不是雌激素。睪固酮會幫助男生開始產生精子、增加肌肉質量、身材發育（變壯一點）、陰莖長度、睪丸發育、長鬍子，同時聲音也會變低。不過男生跟女生經歷的情緒與心理變化跟女生也很像。

如果妳想了解女生跟男生到底會有哪些不同變化，可以問問妳信賴而且知識淵博的成年人（TKA）。妳在網路上也可以找到很多資訊，不過最好還是跟大人一起在網路上找資料，讓大人幫助妳找到可靠的網站，因為網路上其實有很多網站提供錯誤的資訊。

為什麼我生理期來的時候，感覺很像得了腸胃炎？

嗯，要回答這個問題，就得花時間介紹一大堆複雜的科學解釋，說明荷爾蒙的影響。不過妳真正需要知道的只有這一點：在生理期前，以及生理期期間，很多女性都會有脹氣、腹瀉、胃痛或便祕的現象。每位女性都不同，而且每位女性在生理期期間都會經歷不同的症狀。不過，在生理期有消化相關毛病是很正常的事。

♥ 你在我這個年紀的時候，會
不會覺得自己身體的發育跟
朋友身體的發育很不一樣？

♥ 關於青春期，你最希望別人
可以告訴你哪件事？

♥ 要跟別人說我需要一點隱
私，該怎麼表達最好？

chapter **3**

女孩的私密心事

我們在第二章談過妳的身體在青春期會經歷哪些變化。
在這一章,我們會講得更詳細,特別是針對女孩在青春
期會經歷的過程。所以,我們就先來談談陰道吧!陰道
真的很棒,而且就我看來,擁有陰道是一種榮耀。在第
62頁到67頁,妳會找到我們提供的詞彙表跟圖解,說明
女孩的生殖系統長什麼樣子,幫助妳了解自己的身體裡
面到底怎麼運作,以及在觀察自己的身體外觀時,可能
會看到什麼。妳必須要了解自己的身體部位長什麼樣
子,因為這些可是專屬於妳的器官,而且妳應該要學會
欣賞自己身體的每個部位。要看到自己的陰道有點難,

最好的辦法是拿一隻手持鏡，擺在妳的兩腿間，看看鏡子反射出來的影像。

我希望我們提供的圖片跟詞彙表可以幫助妳更了解自己的身體部位。如果妳有更多疑問，不要猶豫，找妳信賴而且知識淵博的成年人（TKA）談談。事實上，我會建議妳用我們提供的圖解跟詞彙表來開啟跟他／她的對話。

任何人都不該要求要看妳的私處，唯一的例外是為了健康檢查，而要求看你私處的醫生。如果有人要求要看妳的生殖器，讓妳覺得很不自在，告訴妳的TKA。妳的身體是妳的身體，只有妳才能決定誰可以看到妳的身體。

我下面到底有幾個洞？

　　陰戶裡面有兩個洞。（陰戶指的是妳的外生殖器，很多人都會直接叫這個部位為「陰道」。）陰戶中較小的洞是尿道，也就是妳尿尿時，尿液流出的地方，而另一個較大的洞就叫陰道。在生理期期間，經血會從陰道流出來。同時，生孩子的時候，小寶寶也是從陰道生出來。我們每個人都有肛門，但肛門不屬於生殖系統，雖然位置很近。

寶寶是從哪個洞生出來？

　　小寶寶會從妳的陰道生出來。當卵子跟精子在輸卵管中相遇，精子跟卵子會結合，變成受精卵。受精卵會經過輸卵管跑進子宮。（寶寶會在子宮裡面發育成長，不是在胃裡面，胃是另一個器官。）在一段時間後，受精卵會自己著床在子宮內膜上，並在9個月的時間內，慢慢發育成長，形成胚胎，再變成胎兒，最後變成寶寶。子宮跟陰道連接，但二者之間有個很像閘道的器官叫子宮頸。在寶寶準備好要出生時，子宮頸會打開，寶寶就會從陰道生出來。

女性的生理結構

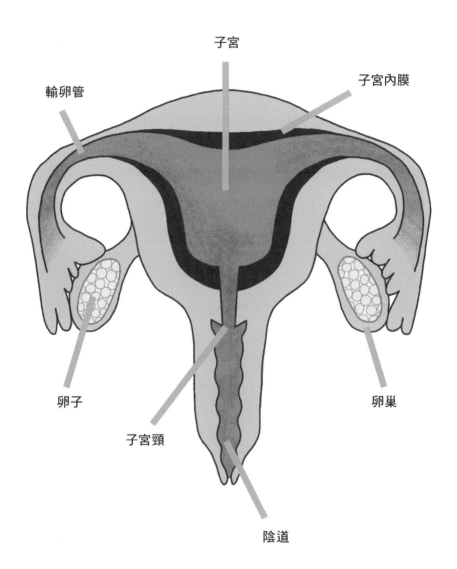

輸卵管

子宮

子宮內膜

卵子

子宮頸

卵巢

陰道

肛門　肛門其實不屬於生殖系統，但人們還是會時常認為肛門也屬於「底下的一個洞」。肛門其實屬於消化系統，腸道蠕動後的結果（也就是糞便）會經由肛門排出人體。

子宮頸　子宮頸位於子宮的最底端，連接到陰道。子宮頸是妳生殖系統中很重要的一個部位，它的作用很像是一扇門，確保寶寶可以安心在子宮內發育成長。

陰蒂　這是我個人最喜歡的身體部位，因為它是女性生殖器當中唯一只為愉悅感受存在的部位。它的樣子有點像陰莖，有陰蒂頭跟陰蒂體。不過跟陰莖不同的是，陰蒂體是位於體內，所以妳只會看到陰蒂頭。陰蒂有約8000個神經末梢，在受到刺激時會引發很強烈的感覺。

分泌物　分泌物可能是任何從身體流出來的液體──以我們目前要解釋的概念來說，是指從陰道流出來的液體。有的時候，有人也會用這個詞來形容陰道的正常分泌物，或是在陰道感染時流出的不正常分泌物。

輸卵管　子宮有兩條管連接到卵巢，這兩條就是輸卵管。我很喜歡把這兩條輸卵管想像成是卵子的高速公路，因為卵子受精後，就會從卵巢經過輸卵管跑到子宮，在這裡從受精卵發育成寶寶。

繖 繖部是位於輸卵管末端，長得很像手指的細小突起，會把卵巢排出的卵子掃進輸卵管。我覺得女性生殖系統最酷的一件事就是，輸卵管不是直接連接到卵巢。因此，卵子離開卵巢後，會先漂浮一段時間，直到被繖部掃進輸卵管。

（外）生殖器 這是一個廣泛用來表示男性與女性生殖器的詞彙，特別是位於體外的部位，像是陰戶或陰莖。

處女膜 處女膜是位於陰道口的薄膜，有不完全封閉的小孔，很多女性都會有處女膜。不過每位女性的處女膜長得都不太一樣，有些女性可能出生就沒有處女膜。處女膜可能會因為遭扯動或破裂而使其開口變大，但不會完全消失不見。

陰唇 陰唇是女性外生殖器的皮膚褶皺部分，圍繞尿道口與陰道口。妳會有兩對不同的陰唇。首先是較小的**小陰唇**，位於大陰唇內側、陰道口外側；再來是外側較大的**大陰唇**，其厚度可能因人而異。有些女性的小陰唇會顯露在外，但其他人的小陰唇可能會被大陰唇蓋住，比較看不到。不管妳的陰唇是不是比較大、比較長或比較厚，都很正常。每位女性的陰唇都不同。

陰阜 陰阜是皮膚底下的圓形脂肪組織，其位置介於下腹部（肚子）與陰戶上方。在青春期期間，妳會注意到陰阜開始長出毛髮。這就是所謂的「恥毛」。

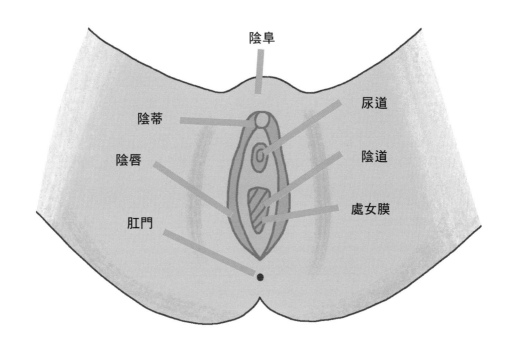

陰阜

陰蒂

尿道

陰唇

陰道

肛門

處女膜

性高潮 性高潮是指性興奮到達高峰時會體驗到的生理與情緒感受，通常是因為性器官受到刺激。

卵巢 是存放卵子以及產生女性荷爾蒙的器官。妳會有兩個卵巢，位於子宮兩側。

卵子 卵子或卵胞是女性的生殖細胞，有時也會被稱為卵細胞或卵子。女性出生時所有的卵細胞——約有2百萬個——全部都會存放在卵巢，不過到妳青春期開始時，卵巢中很多卵細胞就已經死亡，一般會剩下約40萬到50萬顆卵細胞。若有一顆卵子在與精子相遇後受精，就會發育成寶寶。

會陰 是介於女孩肛門與陰戶之間的區域（或介於男孩肛門與陰囊之間的區域）。

包皮 也被稱為「陰蒂包皮」，也就是包覆在陰蒂頭周圍，保護陰蒂頭的皮膚。

青春期 就是妳目前可能正在經歷的過程！妳會在青春期這個階段逐漸成熟變成大人。

恥毛 通常在男女生青春期開始後，在其外生殖器周圍生長的毛髮。恥毛的質地或顏色可能會跟這個人的頭髮或體毛很像，也可能會不一樣。

繁殖　複製或讓某個東西增加的行為；人類繁殖代表我們要繁殖更多人，也就是要生寶寶。

性器官與生殖系統　男性和女性與繁殖有關的身體部位，同時這些部位也會給予或接收性快感及進行親密的身體接觸。

尿道　負責將尿液從膀胱排出身體的管道，男性女性皆有。男性的尿道位於陰莖內。女性的尿道位於陰道上方。**尿道口**指的就是將尿液排出體外的尿道開口。

子宮　子宮這個器官的樣子有點像梨子，有肌肉壁與內膜。女性若懷孕，胚胎就會在子宮內發育。女性在生理期期間會流血，是因為女性要排出子宮內膜。

陰道　連接子宮到體外的管狀器官。生理期流出來的經血會經由陰道排出體外，而在陰道性交過程中，陰莖會插入陰道。

陰道口　是陰道連到體外的開口。

陰戶　女性性器官與生殖系統的外部部位，包括陰唇與陰蒂。技術上來說，因為陰道位於體內，妳透過鏡子只能看到陰戶，看不到陰道。

生理期是什麼？
我們為什麼會有生理期？

生理期（月經）是讓女性身體可以製造寶寶的重要機制。每個月，女性的卵巢都會排出一顆卵細胞（卵子）。如果女性跟男性性交，男性的精子就可能會使她排出的這顆卵受精。受精卵會跑到子宮，逐漸發育成寶寶。子宮的內膜提供很特殊的養分，幫助寶寶發育。但如果女性沒有懷孕，子宮就必須排出沒用到的內膜，這樣一來，如果下個月另一顆卵受精，子宮才能長出新的內膜。

請想像一下，子宮內膜很像飯店的床單，每次房客離開後，飯店的房務人員就會把床單拿掉，為下一個客人鋪上新的床單。妳的子宮就像是卵子的飯店。如果卵子沒有受精，就會離開飯店，而子宮就要把內膜清掉。子宮內膜會經由陰道排到體外，帶著一些血跟沒有受精的卵（太小了，妳看不到），這就是妳的生理期。如果妳懷孕，那子宮就會需要用到內膜，所以妳也就不會有生理期，直到寶寶出生為止。

我什麼時候應該有生理期？

　　大部分的女孩經歷初經的時間大概都在青春期初期，大約介於10歲到14歲之間。女生的初經平均年齡大概是12歲，但每個人都不太一樣。生理期開始表示妳的身體已經夠成熟，可以製造寶寶，但這可不代表妳的心理或情感已經做好準備可以生寶寶。隨著妳的年齡漸長，大概到48歲到55歲之間，生理期就會停止。這樣的現象稱為「停經」，也就表示妳的身體無法再製造寶寶。請記住，在青春期開始的前幾年，妳的經期可能不會很規律。妳的生理期可能會持續幾天，也可能會35天才來一次，而不是28天來一次。有些女孩可能因為種種原因而完全沒有生理期。舉例來說，有些女孩出生時有陰道，但子宮沒有功能，而跨性別的女孩可能完全沒有子宮。

衛生棉要怎麼用才對？

　　在生理期期間，經血會從妳的陰道流出來，所以妳需要找個方式來吸收這些經血。很多女性會使用衛生棉及／或衛生棉條。衛生棉的背面有黏著膠，跟妳貼在筆記本上的便利貼很像。使用衛生棉的時候，把有黏著膠的一面黏在內褲上，並且把衛生棉的「翅膀」固定在內褲兩側。衛生棉吸滿經血以後，就把它丟掉，再換一片新的。衛生棉有很多不同的形狀、尺寸跟吸收力。如果妳在生理期期間經血流量比較大，就需要使用吸收力比較好的衛生棉。如果經血量較少，就可以用比較薄的衛生棉。另外還有吸收力超強的衛生棉，是讓妳晚上睡覺的時候使用。在妳還不太習慣生理期的階段，我會建議妳在自己的置物櫃或包包裡多放幾個衛生棉，跟多放一條內褲。我的經驗顯示，有時候生理期會突然就來。如果妳手邊沒有衛生棉，就會很麻煩。記住：做好萬全準備，就不用擔心生理期造成的困擾。

衛生棉條要怎麼用？

　　衛生棉也是用來吸收經血很常見的方式。衛生棉是黏貼在妳的內褲上，而衛生棉條則是一小條用棉花或其他材料製成的條狀物，讓妳可以直接插入妳的陰道。有些人可能會跟妳說，用棉條會讓妳失去童貞，但其實並不會。而且棉條也不會讓妳的陰道變大或讓陰道愈來愈鬆弛。使用衛生棉條時，按照包裝盒上的說明，把棉條插入陰道。妳剛開始學著用棉條的時候，可能會發現躺下來或把一腳抬到馬桶上，會比較容易放入棉條。棉條吸滿經血後，再把棉條抽出來，換新的棉條。就算妳的經血量不是很多，也要記得每四個小時換一次棉條，因為如果棉條放在體內太久，可能會造成感染。同時妳也要記住，任何要放進陰道的東西都要很乾淨，所以不要把拆掉包裝的衛生棉條擺在任何東西上面，盡量拆掉包裝後就直接放入陰道。

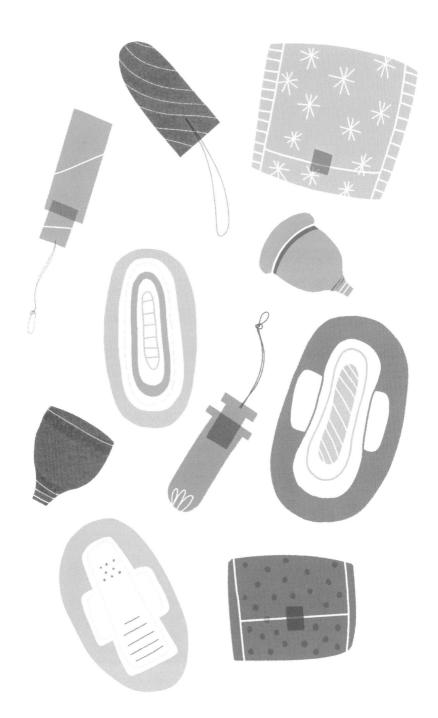

除了用衛生棉跟衛生棉條，大家生理期來的時候還會用什麼？

　　最受歡迎的作法是拋棄式的衛生棉跟衛生棉條，不過也有其他選項，例如可清洗的布衛生棉、很薄的衛生棉墊，以及拋棄式或可重覆使用的月經杯。月經杯的用法是把月經杯插入陰道，每隔幾個小時把月經杯拿出來，倒掉經血。如果妳有任何疑問，可以問問妳信賴而且知識淵博的成年人（TKA）有哪些選擇。

生理期來的時候會流多少血？

　　讓人很驚訝的是，其實流出來的血量不太多。妳看起來可能會覺得經血量很多，就算是成年女性看起來，都可能會覺得很多。但其實在5到7天的生理期期間，女性流出的血量大概只有2到4湯匙而已。如果妳看到血塊或血團，不要擔心。這是身體排出的子宮內膜。生理期就是子宮在排出不用的內膜。這些都很正常。如果妳的生理期超過7天，那妳應該要跟妳信賴而且知識淵博的成年人（TKA）談談，或許也要找醫師看一下，確保妳的生理期很健康。

生理期來的時候多痛算正常？

所有的女性在生理期期間都會經歷身體不同部位、不同程度的疼痛。最常見的一種疼痛是下腹部在生理期前，以及生理期期間會有痙攣的現象。

這是因為子宮正在收縮，好使內膜剝離。剝落的內膜就是在妳的生理期期間經由陰道排出，像血一般的紅色物質。有時候妳可能會有下背疼痛、乳房酸痛及頭痛的情況。每個人疼痛的程度都不太一樣。通常這樣的經痛是可以忍受的疼痛，但有些人可能會非常痛。如果妳覺得經痛的情況已經影響到妳的日常活動、睡眠或吃東西的能力，就要找爸媽或妳信賴而且知識淵博的成年人（TKA）談談。醫師可以找一些治療方式，幫妳減輕痙攣的症狀，包括服用避孕藥物。

生理期大概會維持多久？

通常是5到7天，但每個人都不太一樣。有可能妳這個月的生理期只有短短5天，但下個月的生理期卻長達10天。尤其是在青春期期間，妳的生理期會比較不規律。荷爾蒙避孕藥可以改變生理期的時間以及出血量。服用某些荷爾蒙避孕藥可能會讓妳完全沒有生理期。有一些荷爾蒙避孕藥則會讓妳每三個月來一次，而不是每個月都有生理期。

女生的輸卵管結紮到底是在做什麼？

　　妳的輸卵管就像高速公路，連接卵巢（也就是卵細胞或卵子存放的地方）跟子宮（也就是受精卵發育成寶寶的地方）。輸卵管提供了一個完美的環境讓精子可以使卵子受精，再讓受精卵持續順著輸卵管這條高速公路跑到子宮內，發育成寶寶。所謂的女性「輸卵管結紮」，其實沒有什麼東西會被「打結」或紮起來。醫師會以外科手術把輸卵管堵住，讓輸卵管這條高速公路無法通行，因此精子跟卵子就沒機會相遇，女性也沒辦法懷孕。

為什麼我的內褲上會有
白白的東西？

　　這些白白的東西是「分泌物」，是妳的身體在生理期會自己產生的東西。如果妳發現自己的分泌物滑滑的，看起來有點像蛋白，代表妳可能正在排卵。排卵指的是妳的身體釋放出一顆卵。若妳之後受精，也就是如果妳有性行為，妳就可能會懷孕。這些分泌物為精子創造一個友善的環境，幫助精子與卵子相遇，製造寶寶。如果分泌物的顏色有點白，而且比較濃，也是正常現象。生理期後出現一些帶棕色的分泌物也很正常。如果妳的分泌物變多，妳的私處發癢，分泌出塊狀物或聞起來有異味，就找妳信賴而且知識淵博的成年人（TKA）談談，並且去看醫生。這可能代表妳有感染的情況。

為什麼有時候我的私處會有味道？

　　陰道本來就有味道。妳的身體本身會有獨特的體味，而陰道也不例外。妳可以聞聞自己的內褲，看看自己聞起來是什麼味道，這很正常。事實上，我很鼓勵妳這麼做。如果妳不知道自己的私處平常聞起來是什麼味道，那妳要怎麼從自己陰道的氣味判斷是不是出了什麼問題？私處應該會有特別的味道，但味道不會太濃，也不會讓人不舒服。在生理期不同階段也會散發不同的氣味。舉例來說，在生理期期間，妳可能會常聞到有點像鐵、金屬或錢幣的味道。如果妳注意到異味很強烈、有點難聞或有腥味，那妳可能有感染的情況。不過，話說回來，妳的陰道也不該聞起來像花香或水果香，因為陰道本來就不是花或水果。陰道是陰道啊！所以不要用什麼沖洗液或香水噴在私處。這些產品可能會破壞陰道原本的自淨過程，讓妳感染——那聞起來就會真的很糟。

我要怎麼清洗私處？

在妳淋浴或盆浴的時候，用溫水沖一下陰戶跟陰唇（也就是妳身體的外生殖器）。打開陰唇，讓水流過陰道。要記住，一整天下來，妳身體自然的分泌物、內褲的短纖維與皮膚細胞可能會卡進陰唇的褶皺中，因而形成所謂的陰蒂垢。記得要把陰蒂垢清乾淨，不要害怕自己察看一下陰道，確保陰蒂垢都清乾淨了。妳可以用成分溫和、沒有使用香精的肥皂清洗陰戶，但不要用任何肥皂清洗陰道口。陰道口本來就會自己保持乾淨，用肥皂清洗只會破壞陰道原本的化學平衡，造成感染。

如果感染了要怎麼辦？

我們的「下面」有很多不同類型的感染，像是酵母菌陰道炎、泌尿道感染（UTI）、細菌性陰道炎（BV）等。另外，如果妳有規律的性行為，還可能會罹患性傳染病（STI）。如果妳注意到陰道附近有疼痛、發癢、異味或分泌物比平常多，可能就是感染了。自己處理感染問題會很麻煩，因為我們畢竟不是醫師。有很多網站會說明感染可能會有哪些病徵跟症狀，而且這些網站的資訊可能有點幫助。但是假如妳認為自己可能有感染的情況，就必須要跟爸媽或妳信賴而且知識淵博的成年人（TKA）說，並且尋求醫療協助。不要一直拖著不跟別人講，因為感染可能會愈來愈嚴重。如果妳覺得直接在爸媽面前說很不好意思，到了這個階段，妳也可以跟醫師要求請爸媽先離開看診室。醫師看診的地方是很安全的地方，讓妳可以問任何妳可能想問的問題。

我該什麼時候開始戴胸罩？

胸罩的用意是要支撐妳的胸部。如果妳穿T恤的時候可以看到胸蕾或乳頭頂出來，或妳覺得乳房一直亂晃，妳可能就應該開始穿少女胸罩。不要害怕跟妳信賴而且知識淵博的成年女性談談自己胸部發育的問題！購買胸罩的時候，要記得先試穿幾件，找到最舒服的款式。每位女性的身體都不同，而且每位女性的胸部也會有不同形狀跟尺寸。在青春期，女性的胸部不會以相同的速度發育，所以有一邊的胸部可能會比另一邊大。不要擔心，這很正常。慢慢地，妳的兩個胸部會變得很像（就連成年女性的兩個胸部都可能會有些微差異。）沒有人的兩個乳房會完全一模一樣。

為什麼我的胸部會痛？

　　在青春期期間，妳的身體正在變化發育。首先，妳會長出胸蕾，慢慢地，胸蕾就會發育成完整的乳房。在妳的胸部發育時，妳可能會覺得胸部有點重，碰起來會不太舒服，或會發癢。這些都很正常。在妳成為青少女，慢慢長大成人之後，胸部的疼痛就會逐漸減輕。不過就算妳長大成人，在生理期期間，胸部有可能還是會有點酸疼。維持規律運動可以減緩酸疼的感覺，不過妳要記得穿正確的運動胸罩來支撐妳的胸部。支撐很重要！

為什麼我的大腿上會有皮紋？

　　歡迎來到成人女性的世界，寶貝！這些皮紋是皮下脂肪團，白話一點說，就是「妳的皮膚底下有一團脂肪細胞」。大部分的女性都有皮下脂肪團，不管她們多纖瘦或多愛運動。皮下脂肪團有其用途，所以不要太驚慌。妳的身體需要一定的脂肪量，才能維持健康的生長發育，讓妳成為成年女性。從現在開始，妳的身體會在特定位置儲備較多的脂肪，例如妳的胸部、臀部與大腿，因為如果未來妳決定要懷孕生子，妳的身體就會需要這些額外的脂肪。

　　愛妳的身體，妳的小腹跟妳全身美妙的曲線。不要擔心皮下脂肪團的問題，因為幾乎每位女性都有！

我好討厭自己的胸部跟生理期。有時候我好希望自己是男生。我是不是跨性別者、同性戀還是有其他問題?

　　身為一名順性別的女性,我過去也曾經在某些時候希望自己是男孩,有的時候我也會討厭自己的胸部,希望自己沒有生理期要煩惱。但是,我從來不覺得自己是男孩,也不覺得自己是跨性別者。請先想想,妳的身體現在正在經歷很多改變,有時候妳可能會覺得當男生比較輕鬆,但記住,男生現在也正在經歷很多轉變啊。妳只是有時候因為自己的胸部發育或生理期而覺得很沮喪,不代表妳就是跨性別者。我會建議妳跟妳信賴而且知識淵博的成年人(TKA)談談這些感受。不論妳是跨性別者或順性別者,同性戀或異性戀,妳就是妳,而且妳很棒!

找妳信賴而且知
識淵博的成年人
問問

♥ 你在我這個年紀的時候，有沒
有妳信賴而且知識淵博的成年
人（TKA）可以問問題？

♥ 你記不記得自己的初經是什麼
時候來的（或跟你同年紀的女
生什麼時候開始有生理期）？

♥ 你過去是否曾經在某些時候，
覺得自己的身體讓你覺得很難
堪？可以跟我分享嗎？

chapter 4

健康的關係

對妳來說，有各種健康的人際關係很重要，而且在妳接下來的人生旅途中，健康的人際關係會一直扮演重要的角色。隨著妳長大成人，妳會慢慢學習到妳重視每段人際關係中的什麼層面，不管這裡指的人際關係是朋友、家人或是親密伴侶。我覺得妳應該跟家人或其他妳信賴的人談談，問問他們，良好的人際關係應該重視什麼。對我來說，對我生活中的所有人際關係，我個人很重視誠實、信任與不批評。

我的家人為什麼對我這麼嚴格？

　　在妳成長的過程中，父母可能有時候會對妳很嚴格，但通常父母都是帶著善意。妳的家人希望妳能擁有最好的一切，而現在隨著妳逐漸成熟，妳對世界的看法也在改變。妳開始轉變，希望自己可以決定到底什麼東西對妳來說才算好。這可能會讓妳跟父母發生衝突。這是成長過程中很正常的階段。最好的處理方式是坦誠與爸媽談妳的感受。

我要怎麼做才能更受歡迎？

　　受不受歡迎其實很主觀。如果妳喜歡跟自己挺合得來的人，而他們也喜歡妳，妳就算是很受歡迎的人了。只要妳專注在愛自己，努力朝自己的目標邁進，並且以善良與尊重的態度對待他人，妳永遠都會有夠多的朋友——或許妳不是在中學時期就交到這些朋友，而是長大成人後才結交這些好友。其實，很多在學校不太受歡迎的人，長大成人後交到很多朋友是很常見的事，而且他們長大之後也會有很棒的社交生活。

大家是不是都趁我不在的時候
玩得很開心？

　　妳會擔心大家是不是都趁妳不在的時候玩得很開心，其實是很正常也很常見的感覺。大人有時候也會有這樣的憂慮！但事實是，拿妳的人生跟其他人的人生比較，只是在浪費時間。這樣的想法只會讓妳分心，無法充分享受自己的人生，努力達成自己的目標。當妳看著其他人在社群媒體上分享他們的生活，妳其實並沒有看到這些人生活的全部樣貌。妳通常只會看到這些人選擇跟他人分享、好玩有趣的部分，而不會看到他們決定隱瞞的壞事。在Snapchat或IG上這些看起來過著完美人生的人，其實跟妳一樣會擔心自己被其他人遺忘。

我為什麼一直覺得壓力很大？

　　青春期對妳，還有妳的家長來說，都是很獨特的挑戰。妳的身體、大腦與情緒都在經歷很多改變，加上妳在學校的課業大概也加重，所以妳會覺得自己承受很多來自爸媽、老師、同學、朋友，還有自己給自己的壓力。請記住，一定程度的壓力對健康有益，可以幫妳把人生跟成就推向下一個層次。但壓力太大對身心都不健康。要維持自己不要有太大的壓力，就要確保自己睡眠充足，飲食均衡，並且定期跟妳信賴而且知識淵博的成年人（TKA）談談。寫日誌也蠻有用。另外也很有幫助的方式是找出從事哪些活動會讓妳開心，像是跳舞、閱讀或體育活動，並且規劃時間來從事這些活動。冥想跟正念也可以幫妳紓壓，讓妳有時間可以放空。

為什麼大家要在背後說我的八卦？

　　簡單的答案是「酸民永遠都很酸。」很多時候，會在妳背後說妳八卦或閒話的人，多半是嫉妒妳正在做的某件事，所以藉著閒話來填補自己生活的空虛，又或者他們只是無聊。他們也可能是對妳很生氣，但又不敢直接跟妳把話講開來。記住，如果妳有什麼感覺，最好的方式通常是誠實以對，跟某個人談談，而不是在背後說別人的閒話。如果有人在背後說妳的閒話，反映出來的是那個人的人品不好，不是妳有什麼問題。

如果我的男／女友或朋友嘲弄我，我要怎麼回他們？

如果有人嘲弄妳，就可以明顯看出他／她的人品有問題。我沒辦法告訴妳要用哪些字眼，但我可以跟妳強調，妳一定要清楚表明妳不能忍受自己的朋友不尊重妳。妳必須要為自己所有的人際關係設定界線。所謂的界線就是妳想要其他人如何對待妳的底線。如果有人在妳已經清楚表明自己的底線以後，還是不斷踩妳的底線，那妳可以減少跟他們相處的時間，直到他們學會尊重妳的界線。妳也要尊重其他人的界線，不要以他們不喜歡的方式對待他們。

我要怎麼做才能不再被霸凌
（或不再被網路霸凌）？

霸凌指的是有人以他們的權勢恐嚇妳，傷害妳，或試圖強迫妳做妳不想做的事。現在的社群媒體讓霸凌者更容易欺負他人。不管他們是在學校、在公共場合或網路上霸凌妳，霸凌者都是以言語、行為及網際網路試圖在心理上騷擾妳及虐待妳。

妳絕對不可以用這樣的方式對待他人，同時，若有任何人以這樣的方式對待妳，妳一定要立刻跟妳信賴而且知識淵博的成年人（TKA）說這件事。我要再次強調，這絕對不是妳應該隱瞞不說的事。情緒上的不悅與痛苦就跟身體的疼痛一樣嚴重，有時候可能更嚴重。自己遭受霸凌，所以要求別人幫忙，絕對不是打小報告，而是自我照顧跟愛自己的表現。

如果男生捉弄我，是不是代表他喜歡我？

在我們年輕的時候，我們通常都還沒做好準備，不知道該怎麼跟他人表達自己的感情，所以人們有時候關注自己喜歡的對象時，會引起對方負面而不是正面的情緒反應。男孩子尤其如此，因為男生發育成熟的速度會比女生慢一點點。如果有個男生一直捉弄妳或給妳取不好聽的綽號，有可能是因為他暗戀妳，但也有可能不是。很重要的一點是任何人都不該對妳不好，就算他們是因為喜歡妳而這麼做，而且妳也不用忍受他們的捉弄。

我要怎麼知道某個人是不是喜歡我？

如果某個人喜歡妳，這個人可能會特別注意妳。他在妳身邊可能會看起來很緊張，很喜歡跟妳講話，或時常傳私訊給妳，在社群媒體上跟妳談天，稱讚妳、或為妳做一些很貼心的事。如果妳也喜歡這個喜歡妳的人，那就太好了！但某個人喜歡妳不代表妳就一定要喜歡他。

妳沒有一定要跟任何人約會。而不管任何人邀妳出去約會，妳都可以拒絕，即使這個人對妳很好也是一樣。

你要怎麼樣不改變自己，但還是能讓自己暗戀的對象喜歡你？

　　妳沒辦法強迫任何人喜歡任何人，但重點是如果要改變這麼棒的自己，對方才會喜歡妳，那真的一點都不值得！值得妳花時間喜歡的人應該喜歡妳原本的樣子。畢竟到最後，沒有人——不管是不是妳自己喜歡的人——值得讓妳認為必須改變自己的本性。如果他們不喜歡妳原本的樣子，就不值得成為妳喜歡的人或佔據妳生活的任何空間。

我對人際關係應該有什麼樣的期待？什麼樣的關係才算是良好的關係？

在人生的這個階段，妳開始探索全新以及不同類型的人際關係，包括親密關係。我很難解釋妳到底應該對一段關係有什麼期待，因為每段關係都是由參與這段關係的人來定義。但說實話，信任、接納、尊重、溝通與支持是每段良好關係的關鍵。

在一段健康的關係中，人們會以正面的態度看待彼此，並且鼓勵彼此每天都不斷進步，成為更好的人。他們會欣賞並且珍惜對方的能力、個性與成就，也可以與彼此坦然對談，同時信賴對方會聆聽自己的心聲，不會對自己視而不見或攻擊自己。妳心情不好或難過的時候，好的伴侶跟妳說的話會鼓舞妳，讓妳開心一點，或讓妳更有信心。最後一點是，妳會希望跟一個能跟自己一起玩樂，讓妳開心大笑的人在一起。我知道，現在的妳可能認為一段親密關係就要伴隨著一些肢體的親密舉動，像是親吻或牽手。親密關係確實可能包含這些親密舉動，但並非一定如此。親密不只代表肢體上的親密，更重要的是情感上的緊密。

要怎麼看出不健康的人際關係

　　我通常會用這個簡單的方式，幫助我的學生了解一段不健康的關係會有哪些特徵。如果妳注意到妳目前的某段關係有下列任何一個特徵，那妳就該跟妳信賴而且知識淵博的成年人（TKA）談談，重新評估這段關係，以及跟妳交往的這個人。妳的安全是最重要的一件事。現在的妳正在慢慢長大，應該開始學習辨認一段不健康或凌虐的關係會有哪些跡象。就算妳目前沒有跟任何人交往，妳也應該跟TKA一起看一下「權力與控制輪」，跟TKA一起討論一段健康的關係在他們眼中應該是什麼樣子。妳的TKA應該可以幫助妳辨識妳目前這段關係的情況，不管這段關係指的是跟朋友之間的關係還是親密關係。

肢體

暴力

 性

**青少年的權力
與
控制輪**

同儕壓力
威脅要洩露另一方的弱點或散佈謠言。跟同儕團體說另一方的惡意謊言。

憤怒／精神虐待
貶抑他人。讓他人感覺不快，取難聽的綽號。讓他人覺得自己快瘋了。使壞心眼。污辱他人，讓他人覺得有罪惡感。

孤立／排擠
控制另一方可以做什麼事、看什麼人、跟什麼人講話、讀什麼東西、去哪裡。限制另一方與外界的聯繫。以嫉妒作為其行為的理由。

利用社會地位
把另一方當成僕人。自己決定一切，表現得像是「老大」，自己定義男性與女性應扮演的角色。

性要脅
以操弄或威脅的方式確保對方願意與自己發生性行為。讓女生懷孕。威脅要把孩子帶走。把對方灌醉或下藥，好讓對方跟自己發生性行為。

恐嚇
以眼神、行動、手勢讓某人感到害怕。砸東西。破壞財物。虐待寵物。展示武器。

威脅
以口頭或／及肢體威脅要傷害他人。威脅要離開、自殺或跟報警說對方的不是。要求另一方撤銷告訴或做違法的事。

淡化／否認／怪罪
故意淡化虐待的事實。不正視大家的憂慮。否認曾經發生。把虐待行為的責任推到別人身上。說是他人造成這樣的結果。

 肢體

 性

暴力

資料來源：
http://www.ncdsv.org/images/Teen%20P&C%20wheel%20NO%20SHADING.pdf.

一段不健康或凌虐關係（恐怖情人）會有哪些警訊？

　　如果有人試圖要改變妳，或讓妳覺得自己現在的樣子不夠好，那這段關係就不太健康。一個好的男／女友不會對妳說謊，不會貶低妳，或試圖控制妳做什麼事。如果他們說自己會有這樣的行為是因為他們很嫉妒，不要相信他們。一段健康、相互支持的關係中沒有嫉妒的空間。威脅也是很重要的警訊之一。任何人都不可以用任何方式威脅妳，這也包括威脅妳如果妳不照他們的話做，他們就要傷害自己。任何人對妳造成身體傷害或威嚇妳或強迫妳從事妳不想的性行為也是絕對不可接受的事。妳的身體是妳的身體。這就代表妳有權利選擇自己想要或不想要做什麼。如果妳注意到這些警訊，妳應該要找妳信賴而且知識淵博的成年人（TKA）討論，看要如何終止這些不健康的關係。妳不該遭受不好的對待，而且這不是妳的錯，也跟妳是誰或妳做過什麼事無關。妳值得跟一個不會在情感或肢體上傷害妳的人在一起。

我的男／女友限制我應該跟誰一起出去玩，這算正常嗎？

　　當然不正常！若妳的男／女友告訴妳，妳應該要跟誰在一起，就表示這個男／女友試圖控制妳。在一段健康的關係中，除了妳的男／女友，妳還有自己的生活，包括自己選擇朋友的能力。

我應該把我社群媒體的密碼給我男／女友，以證明我真的很喜歡他／她嗎？

　　不應該！任何人試圖控制妳可以去哪裡，或看妳的私人帳號資料——就算這個人說他只是要幫妳注意有沒有壞人，或這麼做才能證明妳愛他——這個人都沒有真心為妳著想。記住，一段健康的關係，最重要的基礎就是信賴。不管妳是單身，還是跟人交往中，妳都有權維護自己的隱私。交往中的伴侶不用跟對方分享自己的帳號密碼。

我要怎麼跟某個人分手？

　　如果妳正在想著要跟某個人分手，妳可以先列出一張清單，說明這段關係無法繼續的理由（要寫下來！），並且跟妳信賴而且知識淵博的成年人（TKA）一起看一遍。但妳要跟某個人分手其實並不需要任何「理由」。光是不想再跟他們在一起，就已經是分手的充分理由，即使這個人對妳很好也是一樣。妳只需要說，「我的感覺變了，所以我想跟你分開。」妳的TKA可以給妳更多建議，看要說什麼比較適合，以及要如何結束一段關係。要做某件會讓對方傷心的事通常很難，但你們都還年輕。我跟妳保證，你們兩個人某一天都會克服分手的難過，再繼續跟其他人約會。如果妳想跟某個人分手，我會建議妳要確定自己對這個分手的決定真的已經想清楚。不要反覆不定，分分合合——這只會讓雙方都很難受。記住，分手可能會讓人很難受，不管是由誰先提出分手都一樣。在妳跟對方分手後，會有一陣子覺得難過悲傷，這是很正常的事。

我被甩了，要怎麼做才能釋懷？

　　不管誰甩了誰，分手都會讓人覺得難過悲傷。不管妳怎麼做，都會難過一陣子。不過有幾個方法可以幫助妳逐漸克服這些難過的感覺。我知道這一點很難做到，但最好能把自己的手機擺在一邊，不要再關注剛跟妳分手的對象。如果有必要的話，在妳的社群媒體上封鎖對方。尋求支援——例如妳的爸媽、其他妳信賴的大人、妳的朋友，甚至是妳的寵物，用各種會讓妳開心的活動填滿妳所有的時間。妳可以把這些活動想像成是自己跟自己約會。記住，妳首先必須要關心的是跟妳自己的關係，這也是妳這輩子最重要的關係。

我如果不小心喜歡上我好友的前男友，要怎麼辦才好？

　　我可以告訴妳千萬不要做什麼事：千萬不要在好友不知情的情況下，偷偷跟好友的前男友約會。設身處地地把妳自己想像成是妳的好友。他們分手是多久之前的事？他們為什麼會分手？妳的好友是不是還因為兩人分手而感到難過？如果是的話，那妳可能要試著先看看自己能不能喜歡別的對象。如果妳覺得確實值得跟好友的前男友發展一段關係，就要先跟自己的好友談談，要坦誠且誠實。妳也要做好心理準備，這段對話的結局可能會不如妳的預期。

為什麼一段關係一定只能有兩個人？

　　同時與一個人以上的對象交往叫腳踏兩條船。這表示這段關係中有三個人，或正在交往的兩個人同時也跟別人約會交往，或這二種情況同時發生。腳踏兩條船並沒有什麼錯，但重點是這段關係中的每個人都知道這件事，而且都不反對三人行或多人行。問題是：跟一個人交往就已經很複雜了。腳踏兩條船會使關係更複雜，而且必須要做好很多事前的溝通，還要有維繫關係的優秀技巧，這是連很多大人都做不好的事。我自己沒時間，也沒有那麼多感情空間可以同時跟一個人以上的對象交往，而我還是專門寫書談交往與人際關係的人耶！重點在於，如果你身邊有一些大人有腳踏兩條船的情況，這並沒有什麼問題，但如果妳想自己試試，可能還是要等妳再大一點，先學會如何談戀愛再說。

如果我的男／女友叫我寄裸照給他／她，我要怎麼辦才好？

妳要知道的第一件事是，雖然妳有權利決定自己的身體要做什麼，但因為妳還未滿18歲，法律明令禁止寄未成年者的裸照給任何人。在你們兩個都滿18歲之前，寄跟收裸露照片都會讓你們兩個因為違法而陷入很嚴重的麻煩。其次，請記住我們現在所居住的世界是大家都太過樂於分享的世界，而且任何東西一旦放到網路上，就沒辦法刪除。就算妳很信賴對方不會把妳的裸照給任何人看，還是可能會有意外發生。他們的手機可能會遭駭客入侵，或修理電腦的人員可能會不小心發現這些照片。就算妳已經滿18歲，還是要思考可能會有的後果。如果妳真的很想傳給對方看，就要聰明一點。照片上不要露出妳的臉，也不要有任何可以讓別人辨認出妳的記號（像是刺青、穿洞、胎記等等）。

♥ 我要怎麼做才不會覺得自己格格不入?

♥ 我在交朋友跟交男／女友的時候應該要
注意哪些特質?

♥ 以你看來,我要怎麼跟自己想交往的對
象表達自己的感覺比較好?

♥ 戀愛是什麼感覺?

chapter 5

我們來談談性

青春期是我們逐漸性成熟的人生階段,這也表示我們的身體會做好準備,可以有性行為、懷孕生子。妳可能已經開始對性感到好奇,很想了解到底怎麼性交,人們又為什麼喜歡做愛性交。這一章會回答妳可能會有的一些問題,還會談到一些妳還沒想到的問題。不過不要只看這本書。在妳從事任何性行為之前,都應該先跟妳信賴而且知識淵博的成年人(**TKA**)談談。

處女是什麼意思？
「失去童貞」代表什麼意思？

　　簡單來說，處女（或處男）指的是一個從未有過性行為的人。不過，性不是一件簡單的事；性其實是很複雜而且很私人的事。過去曾經有段時間，人們對處女／男的定義僅限於陰莖有沒有插入陰道。但性是由參與性活動的人來定義。此外，有些人並不喜歡有陰莖／陰道的性行為，這並不代表他們一輩子都不會失去「童貞」。

　　請謹記，對有性行為的人來說，懷孕並不是唯一的風險。如果妳只想到「失去童貞」，請妳也記得要想到，有些性行為會有風險。

　　如果沒有採取保護措施，有三大類的性行為會有很高的風險讓妳感染性傳染病（STI）、人類免疫缺陷病毒（HIV）及懷孕。這些行為包含口交（以嘴巴接觸生殖器）、肛交（陰莖插入肛門），與陰道性交（陰莖插入陰道）。當然，口交、陰道性交與肛交之外的其他性行為也有風險，但感染的風險以這三種為最高。在妳從事任何性行為之前，我都會建議妳一定要跟妳信賴而且知識淵博的成年人（TKA）以及妳的男／女友先討論一下，先了解有哪些風險，以及妳應該採取哪些措施來降低跟性行為有關的任何風險。

性交過程中到底會發生什麼事？

性（或性交）最常見的定義是陰莖插入陰道。但是，性交還有其他形式；像口交，也就是指某個人用嘴巴接觸性伴侶的生殖器，或肛交，指的是陰莖插入肛門。這些都是人們性交的方式。這些性行為都會有感染性傳染病的風險，但只有陰道性交才有懷孕的風險。

避孕是什麼意思？

　　避孕這個詞彙是用來形容為了避免懷孕而採取的行為。女性有很多不同的避孕方式，但不管用哪種避孕方式，避孕都是讓女性可以掌控自己健康與配合節育計劃的一種方式。避孕的方式有很多種，有些方式會比較有效，不過不是每種方式都適合每個人。請妳要記住，唯一一種能夠保證讓妳避免意外懷孕的方式就是禁慾。這個詞彙的意思是不從事性行為。要了解避孕方式，最簡單的方法是把避孕方式分成四大類別：屏障法、荷爾蒙避孕法、週期法與緊急避孕藥。

　　我希望能讓妳先獲得充分的資訊，以確保妳能找到最適合妳的避孕方式，因此我會一一介紹不同類別的避孕方式。

屏障法　　所謂的屏障避孕法就跟字面上的意義一樣，就是以「屏障」來避免精子進入子宮或輸卵管，以避免受精。最常見的屏障避孕法是保險套跟子宮帽。這幾種避孕方式跟其他避孕方式不同的地方是這些避孕工具是在性交過程中使用。

荷爾蒙避孕法　　這些方法是透過服用合成荷爾蒙，發揮類似黃體酮跟雌激素的作用，以改變身體自然的荷爾蒙，產生類似一舉三得的保護機制，同時間影響會讓人懷孕的三種因子。

　　首先，卵巢會排出卵子（卵細胞）；荷爾蒙避孕法會阻止卵巢排出卵子。其次，精子要進入子宮，就必須先經過子宮頸；

植入劑
(Nexplanon)

結紮
(男性與女性結紮)

子宮內避孕器
(Skyla)

子宮內避孕器
(Mirena)

子宮內避孕器
(Paragard)

口服避孕藥

避孕貼

陰道避孕環

注射式避孕藥
(Depo-Provera)

體外射精

避孕隔膜

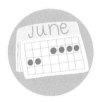
推估受孕期
避孕法

保險套
(男性用與女性用)

資料來源：https://thenationalcampaign.org/blog/new-tool-providers

荷爾蒙避孕法會使子宮頸黏液變濃，精子就比較無法穿過。第三，荷爾蒙避孕法使用的荷爾蒙會使子宮內膜變薄，也降低受精卵在子宮內膜上著床的機率。

　　所有荷爾蒙避孕法都必須經過醫師處方。雖然這些方法主要是為了預防意外懷孕，但有時候女性若有特定健康問題，醫師也會開立荷爾蒙藥劑來協助患者，例如幫助多囊性卵巢綜合症（PCOS）的患者調整生理期不規律的問題，或幫助罹患子宮內膜異位症的患者，所謂的子宮內膜異位症是指本來應該長在子宮內的組織卻長到子宮外，因此患者會有經血過多或腹部嚴重疼痛的現象。

週期法　週期法有好幾種名稱，包括定期禁慾、推估受孕期避孕法或安全期計劃生育。雖然這種方法不用借助外力，但卻不一定適合青少年。要採取這種避孕法，必須先監控自己的月經週期，以了解妳的「危險期」。危險期是妳最容易受孕的日子，通常落在月經週期中間。一般而言是在每個月生理期第一天起算第12到16天。有些情侶會覺得這是最好的避孕方式。不過，因為妳還是青少女，妳身體的荷爾蒙與生理期都還在調整中，要準確且持續有效地預測自己的危險期可能不太容易。現在有很多app可以幫妳找出自己的危險期，但這種避孕方式不算是很精準的科學方式，在妳的生理期還不太規律的時候，不建議仰賴這種避孕方式。

緊急避孕藥（EC） 這些避孕方式是在妳性交之後使用的避孕方式，因此有時候也稱為「事後避孕藥」。這些藥物預防懷孕的原理跟一般荷爾蒙避孕法很像。在妳性交後五天內服用事後避孕藥可能都有用，但最好還是要在性交後盡快服用這種避孕藥，因為拖愈久避孕效力會愈弱。如果卵子已經受精著床，那緊急避孕藥就沒辦法中止懷孕。我要鄭重說明，這些事後避孕藥只能做為緊急避孕使用，不能當做平常的節育避孕方式。

　　這些避孕方法都可以讓妳掌控自己的計劃生育，但要記住，唯一能100%避免意外懷孕的方法就是禁慾，也就是完全不從事性行為。妳也要謹記，除了避免意外懷孕之外，在從事性行為前，妳還有其他的事情要考慮，像是性傳染病。避孕方法沒辦法幫妳預防性傳染病。要減少自己感染性傳染病的風險，就要正確且持續使用保險套。記住，保險套可以跟其他避孕方式一起使用。

為什麼人們喜歡性愛？

　　性愛可以帶來很多樂趣！性興奮可以讓人們感到很愉悅，而且興奮到極點的時候，妳可能會有性高潮，進而讓大腦釋放出一種名為催產素的化學物質，讓妳覺得感覺非常好。性也可以很讓人享受，因為可以跟自己在乎的情侶親密接觸，不過妳不一定需要有個伴才能享受性。就算妳還沒準備好跟另一個人一起享受性愛，也可以透過自慰的方式享受性帶來的感官享受。

一個人性興奮的時候會發生什麼事？

　　了解自己性興奮的時候會有什麼反應可以幫助妳做出更安全的決定，因為這樣妳就可以掌控自己的身體，而不是讓身體反應控制妳。在妳性興奮的時候，妳的大腦與陰道會彼此溝通。這個過程稱為人類性反應周期，分為四個階段。

第一階段　興奮期。妳的乳頭會變硬、心跳加速、私處會熱熱的，而且陰道會變濕。興奮期可能維持幾分鐘到幾小時不等。

第二階段　持續期。也就是興奮期的延續。若妳把性興奮想像成是在坐雲霄飛車，持續期很像是雲霄飛車爬到最高點。

第三階段　高潮期。也就是性興奮的最高點。就像妳搭雲霄飛車到達最高點後，車子開始往下衝的那一刻，妳會覺得很刺激。這時妳的肌肉會收緊、陰道會收縮或抽搐，而妳的全身可能會有一種溫暖又微微刺痛的感覺。（男性的高潮就是陰莖射出精液時。）

第四階段　消退期。在這個階段，妳的身體會逐漸冷靜下來，恢復到平常的狀態。在消退期，妳的生殖器會很敏感，若持續接受到刺激，妳可能會覺得感覺太強烈或有點痛苦。

性會對人們造成什麼影響？

　　對不同的人，性愛會造成不同的反應。對同一個人來説，在不同時期，性也可能會造成不同的反應。人們會從事性行為的理由很多元。有時候，性交的目的是為了繁衍後代；有時候，性愛的目的是為了跟伴侶親密結合；有時候只是為了要享受性帶來的愉悦感。

寶寶是怎麼來的？

　　若一名男性跟一名女性性交，而且沒有採取任何避孕方式，男性的陰莖會在女性的陰道內射出精液。精液中有好幾百萬個精子，這些精子會順著陰道跑進該名女性的輸卵管中。若當時這名女性正在排卵期，輸卵管中可能會有一顆卵子。若有一個精子遇到這顆卵子，二者就會結合變成受精卵。受精卵會跑到子宮，在子宮內膜上著床，發育變成胎兒。人工授精（雖然沒有性交，但精子會被注射到女性的子宮中），或試管受精（卵子在實驗室內以體外方式受精，再置入子宮）也會有類似的受精過程。胚胎發育完成後就會慢慢變成嬰兒。胚胎發育完成需要約40週的時間。要讓胚胎在自己的身體內發育完成是很大的責任，而且一旦寶寶出生，當母親又是更重大的責任。

男生如果在最後關頭抽出來，我還會懷孕嗎？

當然！很多人誤以為如果雙方進行陰道性交，男方在陰道外射精，女方就不會懷孕。但這是錯誤觀念。男性一次射精可能會射出約1千萬個精子細胞，而技術上來説，只要有一個精子遇到卵子，就可以讓卵子受精。如果男方沒有很早就抽出來——或他太過享受當下，忘記要抽出來——妳就可能會懷孕。射精前液，也就是男方射精前就從陰莖流出的液體，也可能會有讓妳懷孕的精子。在那種情況下，體外射精也無法避孕。

此外，體外射精無法預防人類免疫缺陷病毒（HIV）或性傳染病（STI）。因此一定要用保險套。

我們要怎麼樣才知道自己懷孕了呢？

懷孕會有很多不同的跡象。最常見的一種跡象是生理期沒來。在妳懷孕的時候，子宮內膜不會剝離，因為寶寶正在裡面發育成長。但是，在青春期，妳的生理期可能還不太規律。壓力、睡眠不足跟飲食不均衡可能會讓妳的生理期不規律。如果妳有性行為，認為自己可能懷孕了，妳可以到藥局購買不用處方的驗孕棒。這些驗孕棒通常蠻準確，但不是絕對準確。要確認自己是否懷孕的唯一方式是去看醫生。如果妳懷疑自己可能懷孕了，最好還是找妳信賴而且知識淵博的成年人（TKA）談談，看看有哪些資源可以幫助妳，並且尋找可以提供建議跟諮詢的地方。

性愛會不會痛？

　　性愛應該會讓妳覺得很愉快，但有時候可能會覺得有點不舒服或有點痛。舉例來說，在性交過程中陰道不夠濕潤，或第一次性交，或保險套讓妳覺得皮膚不適。在性愛過程中感受到的疼痛也可能是因為性傳染病或前庭炎等其他疾病的緣故。記住，如果在性愛過程中，妳有任何不悅的感覺，就算你們已經開始性交，妳也不必繼續下去，可以隨時停下來。如果妳每次性交，都一直感到不適，跟妳信賴而且知識淵博的成年人（TKA）談談，因為妳可能需要去看醫生。

我第一次性交的時候，
處女膜是不是會破掉？

　　很多順性別的女性出生時都會有處女膜，也就是位於陰道口的薄膜。處女膜會有不同形狀跟大小。很多人會誤會，以為第一次性交時，處女膜會破掉，所以叫這個過程「破處」（失去童貞）。雖然第一次性交可能會使處女膜裂開或輕微流血，但處女膜不會真的破掉。而且，就算妳沒有任何性經驗，做其他事也可能會讓處女膜裂開，像是劈腿或騎自行車。性交可能會改變處女膜的形狀，但不會讓處女膜消失。

幾歲才可以性交？

　　性愛是任何親密關係中很重要的一步。通常會影響雙方的心理、身體與情感。換句話說，性愛是很重大的事！性愛的過程可能很愉悅美好，但也可能會很困難、很痛，而且老實說，很嚇人，尤其是如果妳還沒做好心理準備，應付伴隨性愛而來的所有感受。如果妳還沒準備好跟自己的伴侶，或跟妳信賴而且知識淵博的成年人（TKA）談性——因為如果真的出了什麼差錯，妳會需要跟大人說——妳就可能還沒準備好要從事性行為，就算妳對某個人有很濃烈的感情也一樣。若妳跟妳的伴侶已經準備好要接受所有伴隨著性愛的風險，以及為可能的後果負起責任，那妳可能就已經做好準備，可以開始思考性交。

我這個年紀的人是不是也會跟別人性交？

　　雖然妳可能看到、聽到或以為同儕都有性行為，但其實真的有性行為的同儕沒有妳想像的多。人們常常會談到所謂的「勾搭文化」，說現在的年輕人都隨便跟人上床，但其實這並不是事實。事實上，有些研究顯示，在美國第一次性交的平均年齡是17歲。不要相信那些誇大不實，討論勾搭文化的報導。妳不應該因為到達某個年齡，就覺得自己倍受壓力，要開始有性行為。等妳已經準備好了，再開始有性行為。「準備好了」的意思是指妳可以跟自己的伴侶（以及妳信賴而且知識淵博的成年人）討論自己想要什麼、需要什麼，同時也已經了解性傳染病跟意外懷孕是什麼，會有什麼潛在後果，並且知道要怎麼做才能降低這些意外後果的風險。

性愛對健康有益嗎？

在妳準備好的時候，安全且雙方合意（也就是雙方都同意）的性愛可以對妳的健康跟生活帶來很多好處。性愛可以讓雙方有更親密的連結。同樣的，性愛也可以釋放壓力。但是，性交也伴隨著責任，以及可能會對健康造成影響的潛在後果，像是意外懷孕或人類免疫缺陷病毒（HIV）等性傳染病。請記得一定要使用保險套，以確保你們的性交是對健康有益而不是對健康有害。

禁慾是什麼意思？

　　如果某人「禁慾」，或「實行禁慾」，表示他們選擇不要從事性行為。在妳長大成人以後，妳可以自己決定是要禁慾或要有性生活。二者都是可行的選擇。沒有哪一個選擇比較好或比較差。

墮胎是什麼？
墮胎是不是很不好？

我們可以簡單地說，所謂的墮胎就是中止懷孕的方式；更明確地說，墮胎會使胚胎或胎兒離開子宮。因墮胎而脫離子宮的胚胎，通常還完全無法自行存活。有時候，女性也會因為流產而自然墮胎——也被稱為「自然流產」——或者，女性也可能會自己決定要藉由服藥或透過手術中止懷孕。

墮胎的問題往往會引發人們熱烈辯論，因為有些人認為在胚胎發育的任何階段以外力中止懷孕是錯誤的作法。這些人有時候會被大家稱為是「擁護生命權」的人。其他人則相信，女性應該有權利可以選擇對她自己以及對自己身體比較好的事。這些人是所謂「擁護選擇權」的人。同時間，有很多人的看法其實介於這兩大族群之間。在1973年，美國高等法院傳達其對羅訴韋德案的判決意見，承認婦女有權決定是否要終止妊娠，且墮胎權受到憲法隱私權的保護。時至今日，美國與世界各地仍然還在繼續辯論墮胎的問題。美國有些州限制婦女墮胎的管道，同時世界上

也有一些國家明令禁止墮胎。選擇要墮胎是很個人的問題，而且時常會受到很多外力的影響，包含法規、家庭的價值觀、金錢、宗教或文化。最妥善的方式是先跟妳信賴而且知識淵博的成年人（TKA）好好討論，更深入的了解何謂墮胎，以及支持妳的這些人對墮胎的看法。這麼大的決定絕對不是妳一個人可以做的決定，妳需要有人在心理、身體與情感上給妳支持。

「安全性行為」是什麼？

　　沒有任何性行為是100%絕對完全安全的。唯一要100%安全的方式就是禁慾。性行為都會有一定的風險，包括身體與情感層面的風險。人們談到安全性行為的時候，通常指的是使用保險套。當然，保險套也可能會破掉，或有其他問題，但保險套確實是降低意外懷孕與性傳染病的重要工具。但妳在思考安全性行為的時候，還可以有別的考量。舉例來說，我認為妳若要讓自己更安全，可以讓自己對於性行為的風險與責任有更充分的認識，可以到診所接受性傳染病的檢測，當然還要跟自己的伴侶溝通。記住要跟妳信賴而且知識淵博的成年人（TKA）聊聊妳的擔憂或疑問。他們應該可以幫助妳找到正確的資源。

我可能會感染哪些性傳染病？

　　如果妳從事任何性行為，妳就有可能會感染各種性傳染病。妳從事的性行為類型可能會使感染風險提高或降低，但總的來說，任何性行為都有風險。

性傳染病：你需要知道的知識

性行為伴隨很多可能性與潛在後果，像是懷孕及性傳染病（STI）。性傳染病（STI），縮寫也可能寫成STD，是指人們透過不同的性行為而可能傳染給他人的傳染疾病。就像妳跟某個感冒的朋友一起喝茶，就可能被他／她傳染感冒一樣，跟罹患性傳染病的朋友發生性行為，妳就可能會得到性傳染病。任何人都可能會得到性傳染病，不論他們的年齡、性別或有過幾次性行為。每個人都面臨可能會得到性傳染病的風險，而唯一能夠100%保護自己不會被傳染的方式只有禁慾。如果妳不想禁慾，那要預防性傳染病最簡單也是最好的方式，就是在從事性行為的時候要戴保險套。如果使用方式正確，保險套可以預防很多性傳染病以及預防意外懷孕。

這張表可以大略說明各種性傳染病以及他們會帶來的健康危害。請跟妳信賴而且知識淵博的成年人（TKA）一起看這張表，若妳還有其他疑問，也可以請教TKA。在妳開始有性行為之前，應該要先跟自己的伴侶談談安全性行為有多麼重要。性愛是任何親密關係中很重大的步驟，妳應該要為各種可能的後果做好萬全的準備。

關於性傳染病

可能會出現哪些症狀

- 在性行為後7–28天會出現症狀
- 女性跟男性都可能會感染披衣菌。
- 大部分的女性以及部分男性可能會完全沒有症狀。

女性：

- 陰道有分泌物
- 不是生理期，但陰道卻有出血的情況
- 尿尿時覺得灼熱或疼痛
- 比平常更頻尿
- 腹部疼痛，有時候也會發燒及噁心想吐

男性：

- 陰莖流出像水的白色液體
- 尿尿時覺得灼熱或疼痛
- 比平常更頻尿
- 睪丸腫脹或疼痛

傳染途徑

- 與已經感染披衣菌的人有陰道性交、肛交或口交。

如果妳沒接受治療

- 會把披衣菌傳染給妳的性伴侶
- 會造成更嚴重的感染，生殖器官可能會受損
- 女性及部分男性可能因此不孕
- 感染披衣菌的媽媽可能會在生子時把披衣菌傳染給寶寶

淋病

可能會出現哪些症狀

- 在性行為後2–21天會出現症狀
- 大部分的女性以及部分男性可能會完全沒有症狀。

女性：

- 陰道會有黃濁色或灰色的分泌物
- 尿尿或排便時覺得灼熱或疼痛
- 不是生理期，但陰道出現不正常出血
- 下腹部（肚子）抽搐疼痛

男性：

- 陰莖流出黃濁色或微帶綠色的液體
- 尿尿或排便時覺得灼熱或疼痛
- 比平常更頻尿
- 睪丸腫脹或疼痛

傳染途徑

- 與感染淋病的人有陰道性交、肛交或口交。

如果妳沒接受治療

- 妳會把淋病傳染給妳的性伴侶
- 會造成更嚴重的感染；生殖器官可能會受損
- 男性及女性可能因此不孕
- 淋病也可能導致心臟病、皮膚病、關節炎與失明
- 感染淋病的媽媽可能會把淋病傳染給還在子宮中的寶寶或在生子過程傳染給寶寶

B型肝炎

可能會出現哪些症狀

- 接觸B型肝炎病毒後大概1到9個月才會出現症狀
- 很多人可能沒有任何症狀或只有輕微的症狀
- 好像得了流感，而且一直好不了
- 疲累
- 黃疸（皮膚變暗黃）
- 尿液變茶色，糞便顏色變淺

傳染途徑

- 與感染B型肝炎的人有陰道性交、肛交或口交。
- 為了注射藥物或為了其他原因與他人共用針頭
- 接觸到受感染者的血液

如果妳沒接受治療

- 妳會把B型肝炎傳染給自己的性伴侶或跟自己共用針頭的人
- 有些人會完全痊癒
- 有些人無法治癒：症狀雖然消失，但這些人會把B型肝炎傳染給其他人
- B型肝炎可能會造成永久的肝臟損傷或肝癌
- 有B型肝炎的媽媽會在生子的時候傳染給寶寶

疱疹

可能會出現哪些症狀

- 在性行為後1-30天會出現症狀
- 很多人可能沒有任何症狀
- 好像得了流感
- 性器官或嘴巴會有小小的水泡，會有疼痛的感覺
- 在水泡出現前有搔癢或灼熱的感覺
- 水泡維持1-3周
- 水泡消失，但還是有疱疹；水泡可能會再復發

傳染途徑

- 與感染疱疹的人有陰道性交、肛交或口交，或有時候只是接觸他／她的生殖器

如果妳沒接受治療

- 會把疱疹傳染給妳的性伴侶
- 疱疹無法完全治癒，但藥物可以控制病情
- 有疱疹媽媽會在生子的時候傳染給寶寶

人類免疫缺陷病毒（HIV）／愛滋病（AIDS）

可能會出現哪些症狀

- 接觸HIV病毒，也就是導致愛滋病的病毒後，可能要幾個月到幾年的時間才會出現症狀
- 病毒可能潛伏很多年，沒有出現任何症狀
- 不明原因的體重減輕或疲倦
- 好像得了流感，而且一直好不了
- 腹瀉

- 嘴巴出現白斑
- 女性會一直有酵母菌感染的情況

傳染途徑

- 與已經感染HIV病毒的人有陰道性交、肛交或口交。
- 為了注射藥物或為了其他原因與他人共用針頭
- 接觸到受感染者的血液

如果妳沒接受治療

- 妳會把HIV病毒傳染給自己的性伴侶或跟自己共用針頭的人
- HIV 無法治癒；HIV病毒會導致妳生病及死亡，但藥物可以控制病情
- 感染HIV的媽媽可能會把病毒傳染給還在子宮中的寶寶，或在生子或哺乳過程傳染給寶寶

人類乳突病毒（HPV）／生殖器疣

可能會出現哪些症狀

- 接觸到人類乳突病毒（HPV）後可能要幾周、幾個月或幾年才會出現症狀
- 很多人可能沒有任何症狀
- 有些HPV病毒會導致生殖器疣：也就是長於性器官及肛門上的小型粗糙顆粒。
- 性器官搔癢或灼熱
- 在疣消失後，病毒有時候還是會繼續在人體內存活; 疣可能會復發
- 有些類型會導致婦女罹患子宮頸癌：健康保健機構透過子宮頸塗片檢查可以檢測子宮頸是否有細胞變化

傳染途徑

- 與感染HPV的人有陰道性交、肛交或口交，或有時候只是接觸他／她的生殖器

如果妳沒接受治療

- 妳會把HPV傳染給妳的性伴侶
- 大部分的HPV會在約兩年後自行消失
- 疣會自己消失、沒有變化、長大或擴散
- 有疣的媽媽會在生子的時候傳染給寶寶
- 有些類型如果沒有事前發現治療的話會導致子宮頸癌

梅毒

可能會出現哪些症狀

一期：

- 在性行為後1–12周會出現症狀
- 嘴巴或性器官會有潰瘍，但不會痛
- 潰瘍維持2–6周
- 潰瘍消失，但妳還是有梅毒

二期：

- 在潰瘍痊癒或消失後，出現下列症狀
- 身體某處出現皮疹
- 很像得了流感
- 皮疹與流感的感覺消失，但妳還是有梅毒

傳染途徑

- 與感染梅毒的人有陰道性交、肛交或口交，或有時候只是接觸他/她的
  生殖器

如果妳沒接受治療

- 妳會把梅毒傳染給妳的性伴侶
- 感染梅毒的媽媽可能會在懷孕期間時把梅毒傳染給寶寶或因梅毒而流產

- 梅毒可能會導致心臟病、腦部病變、失明及死亡

滴蟲病

可能會出現哪些症狀

- 在性行為後5–28天會出現症狀
- 男性跟女性都可能會感染
- 很多人可能沒有任何症狀

女性：

- 陰道搔癢、灼熱或有刺激感
- 陰道分泌出黃濁、帶綠色或灰色的分泌物

男性：

- 陰莖流出像水的白色液體
- 尿尿時覺得灼熱或疼痛
- 比平常更頻尿

傳染途徑

- 陰道性交

如果妳沒接受治療

- 妳會把滴蟲病傳染給妳的性伴侶
- 不適的症狀會一直持續
- 男性攝護腺也可能感染

資料來源：http://pub.etr.org/productdetails.aspx?id=100000126&itemno=R525L

人類乳突病毒（HPV）疫苗是什麼？

　　人類乳突病毒（HPV）是最常見的一種性傳染病，依據美國疾病管制與預防中心[5]的調查，每年會有約1千4百萬人感染HPV。有些HPV比較無害，感染者會自行痊癒，但有些HPV就很嚴重，會引發子宮頸癌、陰道癌或陰門癌。好消息是HPV跟大部分的性傳染病不同，因為HPV已經有疫苗。這就代表妳可以到醫療院所接受疫苗接種，以預防得到某些HPV的病毒株（但無法預防全部的HPV病毒株），就像妳會接受疫苗注射以預防小兒麻痺或水痘一樣。如果在妳有任何性行為之前就先接受疫苗接種，預防效果會最好，但就算妳已經有規律的性生活，還是可以接受疫苗接種。跟醫生、父母或妳信賴而且知識淵博的成年人（TKA）談談，以確認妳是否已經接種過疫苗，或了解要怎麼接種疫苗。

保險套要怎麼用？

　　保險套是一種很薄，有彈性的包覆物，性交過程中會用來包住陰莖。如果使用方式正確，保險套會成為屏障，使精子無法通過，也因此降低意外懷孕及性傳染病的風險。保險套有很多不同樣式、尺寸與材質。女性也有保險套。女用保險套要塞在陰道內，而不是包在陰莖上。大部分的保險套都是以乳膠製成，但如果是對乳膠過敏的人，可以選擇聚氨酯的保險套。

　　唯一的問題是，如果保險套破掉、戴保險套的方式錯誤，使保險套滑掉，那保險套就無法有效預防性傳染病跟意外懷孕。第146頁詳細說明正確使用保險套的步驟。

保險套的使用方法

第一步　取得同意！兩個人要性交前，雙方都應該要同意要發生性行為，而且在整個性交過程中，雙方都持續同意。這樣的同意是主動、持續而且絕對不是默不作聲的！

第二步　檢查保險套包裝背面的有效期限。不要使用過期的保險套，因為破掉的風險會比較高。

第三步　小心打開保險套的包裝。不要用牙齒，不然可能會不小心把保險套弄破。

第四步　確認保險套的套環是在外側，不然你會戴錯邊。壓一下保險套的儲精囊，把空氣壓出來，再套在陰莖上，並且把保險套慢慢往下推至底部。陰莖必須要在勃起狀態，不然保險套就會滑落。

 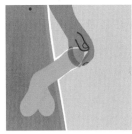 

第五步　享受你們的性愛！你們可能會想要在保險套外層使用水性潤滑劑，降低保險套破裂的風險，也會讓性交過程比較愉悅。不要使用嬰兒油或凡士林等油性潤滑劑；這類的油性潤滑劑有時候會使保險套破裂。

第六步　在達到性高潮或射精後，抓住保險套的底部固定保險套，在陰莖還處於勃起狀態時抽出陰道。（這樣可以預防保險套滑落。）在陰莖離開陰道後，把保險套拿掉，用面紙包好，丟到垃圾桶。不要把保險套丟進馬桶，這樣會使馬桶堵塞。

我可以自己去看醫生嗎？

　　這要看妳現在的狀態。不過，到了某個人生階段，很多醫師在檢查到一個階段後會請妳爸媽離開看診室。如果妳有些問題不好意思在爸媽面前問，就要趁這個機會問醫生。醫師不會跟妳爸媽說妳問了些什麼。

自慰是什麼？女生要怎麼自慰？

　　自慰是指妳自己摩擦或刺激妳的生殖器來取悅自己，通常是直到妳到達性高潮。這是很正常也很健康的事。每個人自慰的方式都不太相同！對初學者來說，我會建議妳用乾淨的手來碰觸自己的陰蒂，因為陰蒂是陰戶中最敏感的部位，有約8000個神經末梢。這個小地方其實會帶來很強烈的感覺！碰觸的方式沒有對或錯：基本上是看個人喜好。自慰可以幫助妳探索自己喜歡什麼樣的性交方式。如果妳自慰時並不舒服，那妳可能就還沒準備好要與別人發生性行為。

自慰很不好嗎？

　　不會！自慰是很正常且健康的事。我認為自慰讓妳有很好的機會可以了解自己的身體，以及自己喜歡什麼。如果妳完全不知道自己喜歡什麼，那妳要怎麼準備好跟另一個人發生性行為呢？另外，自慰也很安全！自己取悅自己並沒有性傳染病或意外懷孕的風險。喜歡自慰不代表妳很淫蕩，而且對健康也無害。事實上，有些研究顯示，自慰可以幫助妳放鬆，讓妳晚上睡得好，還可以減輕生理期期間的痙攣情況。[6]

別人說的撫弄陰部是什麼意思？

人們談到撫弄陰部，講的主要是碰觸自己的陰戶及／或把手指插入陰道。撫弄陰部的舉動不一定要由另一個人來做—妳在自慰時也可以這麼做。但要記得先把手洗乾淨，免得把細菌帶入陰道。

口交是什麼？

　　口交是指某個人用嘴巴來刺激另一個人的生殖器。以嘴巴撫弄陰道叫「舔陰」，而以嘴巴撫弄陰莖叫「吮陽」。如果妳聽過有人提到「吹簫」或「吸屌」，他們說的就是「吮陽」。

口交也會感染性傳染病嗎？

　　會！幫別人口交或接受別人為妳口交也可能會感染性傳染病。若妳的口腔內有傷口，像是用牙線的時候太用力，就可能會讓妳感染。口交跟其他性行為一樣，都要採取保護措施，像是保險套或口交膜（通常是以乳膠製成的一種薄膜）。在妳跟自己的伴侶發生性行為之前，務必要先跟對方談談要接受檢測，以及要採取保護措施。

口交會讓我懷孕嗎？

　　不會，口交不會讓妳懷孕。妳的嘴巴並沒有連接到妳的生殖系統。就算妳吞了一些精液，精子也不會從妳的胃跑到妳的輸卵管使卵子受精。

肛交是什麼？

肛交是指性交過程中插入肛門而不是插入陰道。

同性戀怎麼性交？

其實並沒有所謂「同性戀」的性交方式，因為「性」這個詞對所有人的意義都不同。此外，性行為對每個人以及妳碰到的每個伴侶來說都不同。同性戀者跟異性戀者做愛的方式相同：親吻、接觸、陰道性交、肛交及口交（有時候會使用一些情趣用品或其他特別的工具。）任何性行為只要會有體液的交換，都會有風險，像是口交、肛交及陰道性交。要記住，不管妳／你認為自己有什麼樣的性傾向──同性戀、異性戀或介於二者中間──都要跟妳信賴而且知識淵博的成年人（TKA）以及自己的伴侶談談妳是否已經做好準備要有性行為，在開始有規律性生活之前要先做哪些檢查測試，以及如果發生「最糟糕的情況」，你們有哪些應變計劃。

女女性愛比男女性愛安全嗎？

　　女女性愛不會讓妳懷孕，但還是有性傳染病的風險。要記住，在妳發生性行為之前，跟妳的伴侶，不管其性別，談談要先做哪些檢查測試，以及採取保護措施。

我看的成人性愛影片真的就是真實的性愛場面嗎？

成人性愛影片，或俗稱的A片，是以影像或影片呈現人們發生性行為。妳可能已經聽說過這類影片，甚至在網路上看過。要記住，A片就跟我們在螢幕上看到的其他娛樂節目相同。都是演出來的。真正的性愛不會跟妳在A片中看到的一樣，就像妳的真實生活跟妳在電影或電視上看到的劇情不同。

什麼叫同意？

　　同意指的是你允許讓某件事發生。談到性愛的時候，在真正有肢體接觸之前，雙方都必須要合意，也就是雙方都主動同意。在妳跟某個人從事任何性活動前，都必須要雙方同意，而且要清楚大聲表達：千萬不可以在沒有聽到對方說可以時，自己假定對方已經同意。妳可以隨時收回自己的同意——就算妳已經跟對方在愛撫，或妳跟對方之前曾經有過性行為，或你們目前正在性交，妳都還是可以當下拒絕再繼續有更多性的接觸。如果對方不停手，不聽妳的拒絕，那就算是性侵犯。性侵犯是犯罪，妳應該立刻向有關當局通報或告訴妳信賴而且知識淵博的成年人（TKA）。

我要怎麼跟對方說
我不想跟他性交？

　　兩個人之間的性行為應該要在雙方都想要的情況下發生。沒有人可以強逼妳跟他發生性行為，或讓妳覺得自己別無選擇（而妳當然也不該強迫他人）。妳如果不願意，就不用跟任何人性交，即使妳之前跟他／她說過妳願意，或妳之前曾經跟他／她性交過也一樣。如果有人想跟妳發生性行為，但妳不願意，不要怕，直接講白，而且必要時重覆說不要。妳可以説「我很喜歡你，但我還沒準備好」或「我還沒準備好要上床，但我很喜歡親你。我們可不可以先接吻就好？」或「我就是不想要」或「我不要，不要再一直問我了」。同時，若有人在妳已表明不願意的情況下，還一直試圖説服妳跟他們發生性行為，不要猶豫，立刻告訴妳信賴而且知識淵博的成年人（TKA）。

如果有人試圖叫我做我不想做的事，我要怎麼辦？

沒有人有權利強迫妳做任何妳不想做的事。如果有人試圖以武力或威脅的方式強迫另一個人做某件事，這就叫脅迫。

每個人都有權利不受性脅迫及性侵犯的威脅。如果有人強迫妳做某件妳真的不想做的事，那並不是妳的錯，妳並沒有做錯事。我知道，有時候要跟別人描述自己經歷什麼事，會讓妳真的很害怕，但我真的希望妳不要埋在心裡不跟其他人說。告訴家長或妳信賴而且知識淵博的成年人（TKA）很重要，因為唯有這樣，他們才能幫助妳克服這個非常困難的情況。

性虐待是什麼？如果我被性虐待，我該怎麼辦？

性虐待指的是任何違背妳意見的性行為。通常，我們談到虐待時，談的是持續沒有中斷的模式，而不只是單一事件。單一事件通常會叫性侵犯。性虐待可能是指強迫性交，但也可能是言語上的虐待，某人給妳看性愛圖片或寄一些很露骨的簡訊給妳，裸露自己的性器官給妳看，或任何其他違反妳意願的性行為。成年人與未成年人之間的任何性行為都一定屬於性虐待——未成年者無法自主同意與成年人發生性行為。性虐待是很嚴重的事，如果妳自己是受害者，一定要立刻告訴妳信賴而且知識淵博的成年人（TKA）或有關當局。這可能會讓妳覺得很難，因為虐待的人通常是家人、老師或其他跟妳很親近的人或某個有權位的人。但不論如何，這樣的行為是絕對不能容忍的，而且妳也不該覺得自己必須要保持沈默來保護其他人。

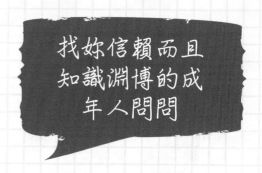
找妳信賴而且知識淵博的成年人問問

♥ 自慰有沒有什麼關係？

♥ 如果有人要我做某件我不想做的事，我要怎麼辦才好？

♥ 如果我陷入困境，需要幫忙，但我知道自己講出來可能也會被責罰，你還是會幫我嗎？我要怎麼跟你說會比較好？

相關資源

註：原書資料於2018年2月20日前檢索，某些資料目前可能已經失效

Advocates for Youth 為年輕人發聲

www.advocatesforyouth.org

為年輕人發聲與青年領袖、成人聯盟、服務青少年的組織合作，推廣政策與推廣計劃，認同年輕人有權利獲取誠實的性健康資訊；方便取得、保密、可負擔的性健康服務；提供必要資源與機會，為所有年輕創造性健康平等。

American Sexual Health Association 美國性健康協會

www.ashasexualhealth.org/sexual-health/teens-and-young-adults

美國性健康協會為男性與女性提供豐富的性健康資源，也有專門針對青少年與年輕人提供的特定資源。

Amplify Your Voice 放大你的聲音

amplifyyourvoice.org/youthresource

放大你的聲音是為為年輕人發聲的一項國家非營利計劃，致力於確保年輕人的繁衍與性健康與權利。

Bedsider 床邊人

bedsider.org

這個線上避孕支援網絡提供精準與誠實的資訊，幫助年輕女性找到適合自己的避孕方式，正確使用。

Center for Young Women's Health and Young Men's Health 年輕女性與年輕男性中心

youngwomenshealth.org and youngmenshealthsite.org

這個網站針對青少年提供資訊，包含各種與避孕、性傳染病、同性戀者、雙性戀者、變性者的健康與青春期。

Coalition for Positive Sexuality 正確性意識聯盟

www.positive.org

這個網站提供青少年資源與工具，幫助他們照顧自己，也能幫助青少年在針對性、性意識與避孕做出更明智的決定。

Coming Out Project 出櫃計劃（人權推廣的一部分）

www.hrc.org/explore/topic/coming_out.asp

出櫃計劃幫助男同性戀、女同性戀、雙性戀者、變性者（簡稱LGBT）人士與支持他們的異性戀人士可以不用隱瞞自己的性向，也可以隨時在家、在工作場所、在自己的社區討論自己支持平等。針對出櫃、指引、個人案例提供常見問答。

Equality Now 現在就要平等

www.equalitynow.org

潔西卡·紐沃斯、奈夫坦· 皮勒與佛耶雅·加拉易等三位律師在1992年創立了現在就要平等（Equality Now）組織，期望以法律保護、推廣婦女與女童的人權。

GirlsHealth.gov 女孩健康

girlshealth.gov/know-the-facts-first/index.html

這個網站提供青少女指引，包含與性跟性傳染病有關的資訊、保護自己的方式以及篩檢中心的地點。

Go Ask Alice! 問問愛麗絲

www.goaskalice.columbia.edu

這個以問答為主的網站是專為青少年設計，裡面包括許多與繁衍及性健康相關問題的問答。

It's Your Sex Life這是你的性生活

www.itsyoursexlife.com

MTV使用互動網站為青少年提供與懷孕、性傳染病與篩檢、LBGTQ、兩性關係、合意性行為等相關資源，也提供國家熱線。

Love Matters 愛情知多少

lovematters.in/en

這個網站提供全世界青少年一個可以公開坦誠談愛、談性、談人際關係的空間。

Love is Respect 愛是尊重

www.loveisrespect.org

愛是尊重致力於創造一個安全、包容的空間，讓年輕人可以在一個專為他們設計的環境取得資料，獲得協助。這個網站提供全面的教育，探討健康的關係、不健康的關係與凌虐關係與行為。

Options for Sexual Health 性健康選項

www.optionsforsexualhealth.org

這個線上資源以女性主義、支持女性選擇權及性正面的觀點，提供性與生殖健康照護、相關資訊與教育。

The National Campaign to Prevent Unplanned Pregnancy 國家預防意外懷孕計劃

thenationalcampaign.org

國家預防青少年意外懷孕計劃的主要目標是改善孩童與家庭的生活與未來發展，特別是要確保孩童出生的家庭是有雙親的穩定家庭，已有決心，也已經為養育下一代的重要任務做好準備。

O.School 歐學校

www.o.school

歐學校創造一個不會讓人感到羞恥的空間，以串流與經過調整的聊天室提供愉悅教育。在歐學校，你可以學習何謂性與愉悅，加入多元社群，分享個人經驗。

Planned Parenthood Federation of America 美國規劃教養聯盟

www.plannedparenthood.org/teens

美國規劃教養聯盟提供最新、清楚、且醫學準確的資訊，幫助年輕男女更了解自己的性健康。

RAINN 強暴與近親性交國家網路

www.rainn.org

RAINN（強暴與近親性交國家網路）是美國最大的性暴力防治組織。RAINN創立並且經營國家性侵害熱線（800-656-HOPE, hotline.rainn.org），並且跟全美超過1000家本地性侵害防治服務供應商合作，同時受國防部委託經營國防部安全熱線。

Safe Teens 安全青少年

www.safeteens.org

青少年可以用這個為青少年設計的網站,搜尋跟青少年懷孕、性傳染病、安全性行為、人際關係與LGBTQ議題有關的資訊。

Scarleteen 紅色青少年

www.scarleteen.com

這個網站提供青少年與年輕人豐富的資訊,幫助他們了解性意識、性與人際關係,同時提供建議與支援,甚至有商店販售安全性行為商品。

Sex, Etc. 性事知多少

sexetc.org

這個由青少年為青少年設計的網站提供準確且誠實的資訊,改善青少年的性健康,同時讓青少年有很多方式可以參與性與生殖健康的推廣活動。

SexInfo Online線上性資訊

www.soc.ucsb.edu/sexinfo

線上性資訊(SexInfo Online)這個網站以最新研究為基礎提供完善的性教育。其主要目標是要確保全世界各地的人都可以取得與人類性發展各個層面有關的有用且準確的資訊。

Stay Teen 永遠年輕

stayteen.org

這個網站使用影片、遊戲、小考與性教育資源中心提供青少年與性、人際關係、禁慾及節育有關的優質資訊。

Teen Health青少年健康

teenshealth.org/teen/sexual_health

青少年可以利用這個網站來學習與性健康有關的事情，包括青春期、自慰、感染與避孕有關的資訊。

Youth Guardian Services 青少年守護者服務

www.youth-guard.org

青少年守護者服務（Youth Guardian Services）提倡男同性戀者、女同性戀者、跨性別者的福祉，也關心對自己性向還不確定的青少年，以及異性戀者。目前這個組織的營運完全仰賴個人捐款。

Youth Resource 青少年資源

www.youthresource.com

這個網站與為年輕人發聲（Advocates for Youth）合作，由LGBTQ青少年為LGBTQ青少年設立這個網站，並且透過教育與倡議提供資訊與支持。

書後註釋

1 http://www.advocatesforyouth.org/parents/136-parents

2 Future of Sex Ed. "National Sexuality Education Standards." Accessed October 23, 2017.www.futureofsexed.org/documents/ FoSE-Standards_WEB.pdf

3 https://www.law.berkeley.edu/php-programs/courses/fileDL.php? fID=4051

4 https://www.ncbi.nlm.nih.gov/pmc/articles/PMC3064497

5 美國疾病管制與預防中心「生殖器人類乳突病毒感染—背景說明資料」引用日期 October 31, 2017.www.cdc.gov/std/hpv/stdfact-hpv. htm

6 https://www.plannedparenthood.org/learn/sex-and-relationships/ masturbationTopic Index

主題索引

作者簡介

蜜雪兒・霍普可不是一般的性教育老師！她是得過獎，對教育充滿熱誠的教育者，把自己對流行文化、娛樂與性的熱愛結合在一起，用來教育與激勵學生。蜜雪兒擁有人類發展碩士學位，也去上了很多跟性教育有關的培訓課程。這些訓練讓她培養了很成熟的能力，可以針對不同族群的需求提供教育。她累積了超過 10 年的經驗，在全國各處演講，也為青少年及為青少年提供服務的專業人士提供活潑又有創意的性教育方案。

勁草生活 460

女孩的性教育指南：
關於青春期、人際關係與成長發育你必須要知道的事

作者	蜜雪兒・霍普（Michelle Hope）
插圖	艾莉莎・岡薩雷斯（Alyssa Gonzalez）
譯者	李姿瑩
編輯	林鳳儀
校對	林鳳儀
封面設計	伍迺儀
美術設計	曾麗香

創辦人	陳銘民
發行所	晨星出版有限公司
	407 台中市西屯區工業 30 路 1 號 1 樓
	TEL：04-23595820 FAX：04-23550581
	行政院新聞局局版台業字第 2500 號
法律顧問	陳思成律師
初版	2020 年 1 月 1 日　初版 1 刷

總經銷	知己圖書股份有限公司
	106 台北市大安區辛亥路一段 30 號 9 樓
	TEL：02-23672044 / 23672047　FAX：02-23635741
	407 台中市西屯區工業 30 路 1 號 1 樓
	TEL：04-23595819　FAX：04-23595493
	E-mail：service@morningstar.com.tw
	網路書店 http://www.morningstar.com.tw
讀者專線	04-23595819#230
郵政劃撥	15060393（知己圖書股份有限公司）
印刷	上好印刷股份有限公司

歡迎掃描QR CODE
填線上回函

定價 350 元
ISBN 978-986-443-943-0
The Girls' Guide to Sex Education:
Over 100 Honest Answers to Urgent Questions about Puberty,
Relationships, and Growing Up
By Michelle Hope
Text @ 2018 by Callisto Media Inc.
First published in English by Rockridge Press, a Callisto Media Inc imprint.
This edition arranged with Callisto Media Inc.
through Big Apple Agency, Inc., Labuan, Malaysia.
Traditional Chinese Edition Copyright © 2020 Morning Star Publishing
Co., Ltd.
All rights reserved.

國家圖書館出版品預行編目資料

女孩的性教育指南：關於青春期、人際關係與成長發育你必須要知道的事／蜜雪兒．霍普（Michelle Hope）作；艾莉莎．岡薩雷斯（Alyssa Gonzalez）插圖．李姿瑩譯 . -- 初版 . -- 臺中市：晨星，2020.01
面；　公分 . ——（勁草生活；460）

譯自：The girls' guide to sex education : over 100 honest answers to urgent questions about puberty, relationships, and growing up

ISBN 978-986-443-943-0（平裝）

1. 青春期 2. 性教育 3. 青少年心理

397.13   108018613